DIE THEORIEN

DER

ELEKTRODYNAMIK

NACH IHRER GESCHICHTLICHEN ENTWICKELUNG.

VON

DR. GEORG HELM,

GEH. HOFRAT,

O. PROFESSOR AN DER K. TECHNISCHEN HOCHSCHULE ZU DRESDEN.

MIT FIGUREN.

LEIPZIG

VERLAG VON VEIT & COMP.

1904

Druck von Metzger & Wittig in Leipzig

Vorwort.

Dieses Buch ist aus Vorlesungen hervorgegangen, die es sich zur Aufgabe gestellt hatten, in den Ideenkreis der heutigen Elektrodynamik durch eine Übersicht über das geschichtliche Werden und Wandeln dieser Ideen einzuführen. Im Unterricht und in der Literatur treten dem jungen Elektriker heute so mannigfache Betrachtungsweisen und Darstellungsmethoden entgegen, daß es für ihn besonders wertvoll ist, den inneren Zusammenhang zu erkennen, der alle diese Gedankenkreise als Glieder einer und derselben Entwickelungskette erscheinen läßt. Auch enthalten die älteren, in den systematischen Darstellungen jetzt mehr und mehr zurücktretenden Theorien so viel Klares und Gereiftes, daß ihre Methoden nicht verdienen, bei der Ausbildung in der Elektrodynamik gänzlich übergangen zu werden. Freilich lohnt es nicht bei der reichen Fülle dessen, was der Studierende sich aneignen muß, die Geschichte dieses Wissensgebietes um ihrer selbst willen zu überliefern, vielmehr kann der Zweck solcher geschichtlichen Darstellungen nur der sein, das Verständnis des jetzigen Zustandes zu klären und zu vertiefen. Ich habe mich daher für berechtigt gehalten, überall nur das Grundlegende zu geben und manche ältere Theorie so darzustellen, wie der Urheber seinen physikalischen Gedanken durchgeführt hätte, wenn er bereits mathematische Methoden hätte anwenden können, deren Verständnis sich erst später, gerade infolge der physikalischen Entwickelung, verbreitet hat.

Wie die jeweiligen wissenschaftlichen Erfahrungen begriffen und mathematisch erfaßt werden, wie die Theorie dient, Erscheinungen vorauszusagen, sei es für technische Zwecke, sei es zur Prüfung der Theorie selbst, und wie sich in diesen Bestrebungen nun wieder die Theorie verändert, — das alles läuft in der Elektrodynamik während einer nach historischem Maße so kurzen Spanne Zeit ab, daß der eigentümliche Reiz, den dieses Spiel der Ideen auf den Beschauer ausübt, nicht ohne Eindruck auf seine naturwissenschaftlichen Anschauungen bleiben kann. Wenn irgend eine physikalische Ideenentwickelung, kann ihn die Geschichte der Elektrodynamik lehren, daß alle Tatsachen Beziehungen sind und daß alles Absolute, insoweit es als absolut gedacht wird, keiner Tatsache entspricht.

Ich hoffe, diesen Zielpunkt vor allem bei der Darstellung der hypothetischen Versuche im sechsten Teile des Buches getroffen zu haben, wo auch eine Skizze eigener Entwürfe Aufnahme gefunden hat.

Die Schwierigkeit der Aufgabe, dies ganze bewegte Geistesleben in kurzen Zügen wiederzugeben, ist mir während der Bearbeitung immer bewußter geworden. Obschon ich im Texte nur so viel zitiert habe, als für den Studierenden, der die Quellen aufsucht, angemessen ist, wird dies doch genügen, um zu kennzeichnen, was ich anderen Darstellungen der Elektrodynamik entlehnt habe. Indessen sei an dieser Stelle ausdrücklich hervorgehoben, daß der Kenner manche Züge aus Cohns tief gearbeiteter Darstellung des Maxwellschen Systems in meinem Buche wiederfinden wird. Für die ältere Elektrodynamik aber habe ich vor allem die Arbeiten Carl Neumanns benutzt und kann nur wünschen, daß etwas von der eindringlichen Klarheit seiner Darstellung und der Genauigkeit seines Urteils auf meinen Abriß übergegangen sein möchte.

Dresden, August 1904.

Georg Helm.

Inhalt.

Erster Teil: Wechselwirkung zwischen Magnet und Strom. Oersted, Ampère.

Seite

1. Abschnitt: Oersteds Entdeckung und seine Auffassung derselben . 1
Die Entdeckung. Die Fassung des Gesetzes. Physikalische Ideen. Der elektrische Konflikt.

2. Abschnitt: Die Ampèresche Schwimmeregel und das Gesetz von Biot und Savart 5
Die Fassung des Gesetzes. Zwei Koordinatensysteme. Einfache Anwendungen des Gesetzes.

3. Abschnitt: Die Newtonsche Fernwirkung und die elektromagnetischen Rotationen 9
Newtons Anziehungsgesetz. Coulombs Gesetze. Die Erhaltung der Flächen. Ampères Formeln für die Kraftkomponenten. Elektromagnetische Rotationen.

4. Abschnitt: Der Satz von Stokes 14
Hilfsintegrale. Stokesscher Satz für verschwindend kleine Flächen. Quirl eines Vektors. Allgemeiner Satz von Stokes.

5. Abschnitt: Geschlossene Ströme und Magnete 18
Wirkung zwischen einem Magnetpol und einem geschlossenen Strom. Ersatz eines geschlossenen Stromes durch einen Magnet. Solenoide. Ampères Theorie des Magnetismus. Magnetische Doppelschicht. Erregung von Magnetismus durch geschlossene Ströme.

Zweiter Teil: Wechselwirkungen zwischen Strömen. Ampère.

1. Abschnitt: Ampères Grundgesetz 24
Ampères Entdeckung. Die Form des Gesetzes. Die Abhängigkeit der Konstante von den Konstanten des Biot-Savartschen und des Coulombschen Gesetzes. Einfache Anwendungen. Elektrodynamische Rotation.

2. Abschnitt: Wirkung geschlossener Ströme 31
Einige Umformungen zur Ampèreschen Formel. Wirkung eines geschlossenen Stromes auf ein Stromelement. Direktrix. Wechselwirkung geschlossener Ströme. Magnetische Doppelschicht. Die Feldstärken.

Seite

3. Abschnitt: Die Potentialfunktion 37
Magnetisches Potential. Potential eines Stromes auf einen Magnetpol. Kegelöffnung. Unstetigkeit des Potentials einer magnetischen Doppelschicht. Vieldeutigkeit des Linienintegrals der von einem Strom herrührenden Kraft. Potential zweier Ströme aufeinander.

Dritter Teil: Die Induktionserscheinungen. Faraday, Franz Neumann.

1. Abschnitt: FARADAYS Entdeckung und das NEUMANNsche Gesetz . . 48
FARADAYS Beschreibung der Erscheinungen. Der elektrotonische Zustand. Gesetze von LENZ und NEUMANN.

2. Abschnitt: Anwendungen der Induktionstheorie 54
Berechnung eines Induktionskoeffizienten. Besondere Fälle. WEBERS Theorie des Diamagnetismus. WEBERS Methoden des Erdinduktors.

3. Abschnitt: Elementargesetze und Integralgesetze 59
Elementargesetz der Induktion. Beziehungen zwischen Elementar- und Integralgesetzen. WEBERS, FARADAYS Auffassung der elementaren Vorgänge. Stellung des Energiegesetzes. Überblick über das Folgende.

Vierter Teil: Theoretischer Zusammenschluß und mathematische Verarbeitung der Erfahrungstatsachen.

1. Abschnitt: Die Erhaltung der Energie. JOULE, HELMHOLTZ 62
Mechanische Arbeit. Kinetische und potentielle Energie. Gesetz von JOULE. Magnetinduktion und elektromagnetische Bewegung. Induktion und ponderomotorische Wirkung. Elektromagnetische Energie eines Systems zweier Ströme. Gegenseitige Stützung der Erfahrungstatsachen durch das Energiegesetz. Bedeutung der Theorien.

2. Abschnitt: Das absolute Maßsystem. GAUSS und WEBER 71
Die Maßsysteme und die Technik. Rechnen mit Maßeinheiten. Elektromagnetisches Maßsystem. Identität der Elektrizität verschiedenen Ursprungs. Die verschiedenen elektrischen Maßsysteme. Ihre Invariante. Die praktischen Einheiten. Leitfähigkeit des Quecksilbers.

3. Abschnitt: Die Elektronenhypothese in ihrer älteren Gestalt. WEBER 79
Das WEBERsche Gesetz. Herleitung der ponderomotorischen, der elektromotorischen Wirkungen aus ihr. Atomistische Konstitution der Elektrizität. Elektrolyse. Elektronen. Das WEBERsche Potential. Das NEUMANNsche Potential und seine Fortpflanzung.

4. Abschnitt: Die Strömung, besonders in körperlichen Leitern. KIRCHHOFF 87
Die Strömung als Vektor. OHMsches Gesetz. KIRCHHOFFsche Gesetze für verzweigte Leiter. Hydrodynamische Analogie. Erwärmung des durchströmten Volumelements. Räumliche Verteilung der Strömungsvektoren. Potential eines Magneten auf

Seite

einen durchströmten Körper. Potential zweier durchströmten Körper aufeinander. Induktion auf Körper. KIRCHHOFFS Differentialgleichungen der elektrischen Strömung. Differentialgleichung der elektrischen Entladung im einfachen Schließungsbogen mit Kapazität und Selbstinduktion. Elektrische Schwingungen.

Fünfter Teil: Der elektrotonische Zustand.
Faraday, Maxwell, Hertz.

1. Abschnitt: Das elektrostatische Feld 99
FARADAYS Auffassung. Dielektrizitätskonstante. Übergang aus der Fernwirkungstheorie zur Potentialtheorie, zu der Dielektrizitätstheorie, endlich zum reinen FARADAY-MAXWELLschen Standpunkte. Die elektrische Feldstärke als Vektor. Dessen Verteilung, beschrieben mittels Potentialflächen, mittels Kraftlinien. Analytische Behandlung. Die elektrische Energie.

2. Abschnitt: Das magnetische Feld 110
Para- und diamagnetische Stoffe. Die magnetische Intensität und die magnetische Energie. Selbstinduktionskoeffizienten. FARADAY.

3. Abschnitt: Das elektromagnetische Feld 116
Erweiterung der Begriffe. Die beiden Gruppen der MAXWELL-HERTZschen Gleichungen. MAXWELLS Behandlung der Nichtleiter. MAXWELLS Ergebnisse gegenüber seinen Methoden. Nahewirkungen. Elektromagnetische Theorie des Lichtes. Brechungsexponent und Dielektrizitätskonstante. Transmissionskoeffizient und Leitfähigkeit. HERTZ. Der elektrostatische, der magnetische Zustand und das stationäre Feld als besondere Fälle des elektrotonischen Zustands. Das Vektorpotential 𝔄. POYNTINGS Energiestrahlung.

Sechster Teil: Bilder des elektrotonischen Zustandes.

1. Abschnitt: Die mathematischen Analogien. THOMSON, HELMHOLTZ . 136
Elastische Analogien THOMSONS. HELMHOLTZ' hydrodynamische Analogien. Kinematische und dynamische Bilder. FARADAY-MAXWELLS Zug und Druck der Kraftlinien.

2. Abschnitt. MAXWELLS Konstruktionen des Feldes 140
Unbefriedigende Bilder. Auffassung der Kraftlinien als Strömungslinien in hydraulischer Analogie. MAXWELLS Räderwerk als Bild des Feldes. Energetik des Feldes. MAXWELLS energetische Analogie.

3. Abschnitt: Ablehnungen und neue Versuche 145
Relativer Wert physikalischer Bilder. Verschiebung und Verwindung. Die Vektoren 𝔈 und 𝔐, durch 𝔄 und φ dargestellt. Vektorpotential 𝔄 als Verschiebung. Potentialfunktion φ als Druck. Schubspannungen in der Umgebung eines Stromes und ihre Beziehungen zu der magnetischen Kraft. Induktion. Inhalt der Molekeln, deren Zustand bei Elektrisierung und bei Magnetisierung. Energie der sichtbaren Bewegung als elektrotonisch verlorene Energie. Bewegung der Molekeln durch den Äther. Bewegungen als Folgen der Aufrechterhaltung des inneren Zustands der Molekeln.

Seite

4. Abschnitt: Die bilderfreie Beschreibung des elektrotonischen Zustandes 152
Ablehnung jeder physikalischen Umdeutung. Potentialtheorie. Begriffsbildungen. HEAVISIDE. Vektorentheorie. Lamellare und solenoidale Verteilung. Mathematik der physikalisch gewonnenen Begriffsbildungen.

Siebenter Teil: Die Elektronenhypothese in neuer Gestalt. Lorentz.

1. Abschnitt: Die LORENTZsche Theorie 156
Annahme über die Kräfte. ZEEMANsches Phänomen.

2. Abschnitt: Der neue Elektronenbegriff 159
Verhältnis $e:m$. Massenbegriff. Rückblick.

Erster Teil.

Wechselwirkung zwischen Magnet und Strom.

Oersted, Ampère.

Erster Abschnitt.

Oersteds Entdeckung und seine Auffassung derselben.

1. Die Geschichte der Elektrodynamik hebt mit dem Jahre 1820 an, mit der Feststellung einer neuen Tatsache. HANS CHRISTIAN OERSTED (geboren 14. August 1777 zu Rudkjöbing auf Langeland, gestorben 9. März 1851 zu Kopenhagen) veröffentlichte in einer vom 21. Juli 1820 datierten Mitteilung[1] die von ihm im Frühling 1820 zu Kopenhagen beobachtete neue Naturerscheinung, daß der galvanische Strom ablenkend auf die Magnetnadel wirkt.

Wer heute über die seit OERSTEDS Entdeckung verflossenen acht Jahrzehnte zurückblickt, wird die weittragende Wirkung jener Beobachtungen vor allem in den technischen Erfolgen erblicken, die sich an sie anknüpften, von der elektromagnetischen bis zur drahtlosen Telegraphie, bis zur elektrischen Beleuchtung und Kraftübertragung; aber unmittelbarer noch und dabei tiefgehend und nachhaltig war die Wirkung, die von den neuen Tatsachen auf das naturwissenschaftliche Denken überhaupt, insbesondere auf die theoretischen Anschauungen über die Naturkräfte ausgeübt wurde.

Wenn auch vor dem Jahre 1820 vereinzelte Vermutungen und Versuche über Beziehungen zwischen Elektrizität und Magnetismus aufgetaucht waren,[2] — für die allgemein geltenden Anschauungen standen doch diese beiden Erscheinungsgebiete völlig getrennt nebeneinander. Daß diese Trennung nicht aufrecht erhalten werden konnte,

---

[1] Die von OERSTED lateinisch geschriebene Mitteilung erschien deutsch, von GILBERT übersetzt, in dessen Ann. d. Physik 66, S. 295, 1820. Auch in OSTWALDS Klassikern Nr. 63, herausgegeben von OETTINGEN, ist sie abgedruckt.

[2] Wie diese später zu Prioritätsansprüchen gegen OERSTED aufgebauscht wurden, ist aus ROSENBERGER, Geschichte der Physik III, S. 197 zu ersehen.

war für die Zeitgenossen das Auffälligste der neuen Erfahrung, und die ganz unerwartete neue Art der Wechselwirkung war hier das Verblüffende, mit dem immer eine neue Erkenntnis in unserm Geiste einsetzt. Nicht nur die Physiker von Fach, sondern weite Kreise wurden zu nachprüfender und ergänzender Mitarbeit angereizt, und so der neuen Tatsache eine für jene Zeit auffallend schnelle Verbreitung gesichert.

2. Lehrreich ist schon die Form, in der OERSTED seine Entdeckung zum Ausdruck bringt. Er beschreibt zunächst einfach, was er bei den verschiedenen möglichen Lagen einer Magnetnadel gegenüber einem die Pole der galvanischen Batterie verbindenden geradlinigen Leiterstück beobachtet hat, und seine Ausdrucksweise erscheint uns nur deshalb etwas schwerfällig, weil er den Namen elektrischer Strom, den erst AMPÈRE einführte, noch nicht kennt und vor allem noch keine bestimmte Richtung auf dem Drahte als Stromrichtung ausgezeichnet hat. Er sagt von einer um eine vertikale Achse drehbaren Magnetnadel: „Der Pol, $\left\{\begin{matrix}\text{über}\\ \text{unter}\end{matrix}\right\}$ welchem die negative Elektrizität eintritt, wird nach $\left\{\begin{matrix}\text{Westen}\\ \text{Osten}\end{matrix}\right\}$ zu gedreht.“ Und: Der Pol, nahe bei welchem die negative Elektrizität herkommt, wird heruntergedrückt, wenn der Draht sich an der westlichen, dagegen

Fig. 1.

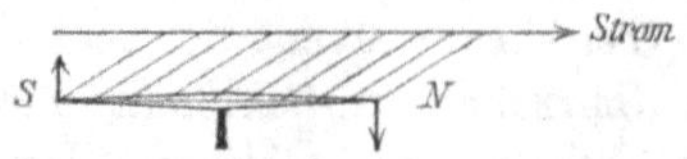

Fig. 2.

heraufgedreht, wenn er sich an der östlichen Seite derselben befindet. Bezeichnen wir die Stelle, „von der die negative Elektrizität herkommt“, als die Seite, nach der der Strom hinfließt, oder die Stromabflußseite, so erhalten wir die Beschreibung der OERSTEDschen Beobachtungen nach der heute üblichen Bezeichnungsweise. (In den Figg. 1 und 2 ist die Ebene schraffiert, in der Strom- und Magnetachse liegen.)

3. In solchen Sätzen konnte ja OERSTED sein Beobachtungsmaterial niederlegen, indem er nur alle sich bestätigenden Versuchsergebnisse über eine der gegenseitigen Lagen von Nadel und Strom zu einem Ausspruch vereinigte, — aber das Verlangen nach umfassenderen Beschreibungen, die es ermöglichen, mit wenigen Begriffsbildungen möglichst viele Erscheinungen zusammen zu erfassen und vorauszusagen, drängte ihn vorwärts.

An allem physikalischen Wissen lassen sich drei Stücke unterscheiden: neben den Erfahrungstatsachen, dem zumeist experimentell festgestellten, von der Natur unserm Denken unveränderlich gegebenen Stoffe, tritt die quantitativ vergleichende Prüfung und Zusammenfassung als mathematische Formulierung immer deutlich hervor; aber drittens erhebt sich eine, größere oder kleinere Erfahrungsgruppen beherrschende Idee aus dem Nachdenken, ohne die es uns nicht gelingt, oder doch nicht bequem genug erscheint, den Stoff so zu bewältigen, wie wir es beabsichtigen, nämlich so, daß wir Erscheinungen vorauszusehen vermögen. Diese Idee, die oft nur als physikalischer Begriff, oft als Grundlage einer Theorie, als Hypothese auftritt, ist historisch veränderlich, so sehr sie auch geneigt ist, den Anspruch zu erheben, daß sie die über den Erscheinungen stehende „Wahrheit" sei. Denn welche Idee unter allen einer Erfahrungsgruppe anzupassenden die zweckmäßigste ist, das wird, weil mit der Erweiterung unserer Erfahrungen auch diese Gruppe in neue Beziehungen tritt, von verschiedenen Zeiten, nicht selten sogar von verschiedenen Forschern derselben Zeit, verschieden beantwortet werden.

So suchte auch Oersted seine Versuchsergebnisse einer alle Fälle umfassenden Idee unterzuordnen, aber freilich gerät er in eine geistreich vage Verallgemeinerung, wenn er sagt: „Die Wirkung, welche in diesem Leiter und dem ihn umgebenden Raume stattfindet, wollen wir elektrischen Konflikt nennen. Dieser Konflikt beschreibt Kreise."[1] Gewiß, diese Idee erfaßt gleichsam vorahnend den Begriff des elektrischen Feldes und seine Darstellung durch Vektoren und Kraftlinien, — aber das ist alles noch unklar durcheinander gemischt und nicht zu praktisch brauchbarer Begriffsklarheit herausgearbeitet. Es spukt schon da etwas von der naturphilosophischen Richtung, die später in Oersted, dem Verfasser des 1850 erschienenen Werkes „Der Geist in der Natur" einen ihrer namhaftesten Vertreter fand.

4. Als elektrischer Konflikt tritt also das, was später von Faraday als elektrotonischer Zustand bezeichnet wurde, was wir heute das elektromagnetische Feld nennen, zuerst auf: Die Idee des Feldes

[1] Indem Oersted diese Kreisbewegung mit einer dem Drahte entlang fortschreitenden Bewegung verbindet, gelangt er dazu, die negative Elektrizität in rechtsgewundenen Spiralen bewegt zu denken, die nur auf den Nordpol fortstoßend wirken, während die positive Elektrizität sich in entgegengesetzter Richtung bewegt und nur auf den Südpol wirkt.

begleitet die Elektrodynamik von ihren ersten Anfängen an, sie ist keineswegs FARADAY eigentümlich. Auch hat OERSTEDS Anschauungsweise sogleich Anklang gefunden. Kein Geringerer als SEEBECK, der Entdecker der Thermoströme, nahm sie auf und zeichnet geradezu die Kraftlinien, wie wir sie heute nennen, indem er sich über die Verteilung des Magnetismus mittels der Feilstaubfiguren Klarheit verschafft.[1] Ja, er spricht 1821 schon von magnetischen Strömen, die den Draht umkreisen, kennt aber nicht den Ausdruck elektrischer Strom. Magnetische Atmosphäre nennt er, was wir nach dem Vorgange der Engländer jetzt als magnetisches Feld bezeichnen. Aber für die Beherrschung der Erscheinungen mittels dieser Idee war damals die Wissenschaft noch nicht reif; eine tiefe Entwickelung unserer mathematischen Begriffe, eine weite Entfaltung experimenteller Erfahrungen mußten eintreten, bevor im Lichte dieser Idee die Elektrodynamik aufgehellt werden konnte. Freilich führte dann auch diese den ersten Bearbeitern des Gegenstandes bereits vorschwebende Gedankenreihe tiefer, als die, der sich die Wissenschaft zunächst zuwandte.

Die Gedankenrichtung, die zunächst maßgebend wurde, bestimmte AMPÈRE. Indem er den Namen elektrischer Strom einführte, schränkte er OERSTEDS Auffassung auf den Leiter als Träger der elektrodynamischen Vorgänge ein. Diese Art, die Dinge zu sehen, hat dann fünfzig Jahre in Deutschland und Frankreich die Alleinherrschaft behauptet und sich so festgesetzt, daß es zweier Jahrzehnte bedurfte, ehe wir wieder zu der Auffassung gelangt sind, die OERSTED sich sogleich von der Sache zu bilden versuchte, und die sich dem naiven Blicke ohne weiteres darbietet, daß nämlich die elektrodynamischen Vorgänge auch den den Leiter umgebenden Raum erfüllen.

Man kann hiernach die Entwickelung kurz so darstellen, daß OERSTEDS Idee des elektrischen Konflikts in AMPÈRES Strom und in das elektromagnetische Feld FARADAYS zerfallen ist, zunächst aber unter dem Einflusse NEWTONscher Auffassung der Kraft nur die Stromvorstellung zur Klarheit gedieh.

---

[1] OSTWALDS Klassiker Nr. 63, herausgegeben von OETTINGEN, bringen SEEBECKS Abhandlung, die er Dezember 1820 und Februar 1821 der Berliner Akademie vortrug.

Zweiter Abschnitt.

Die Ampèresche Schwimmeregel und das Gesetz von Biot und Savart.

1. Gegenüber Oersteds flüchtiger Idee muß die geometrische Klarheit und Präzision der französischen Forscher mit Bewunderung erfüllen, denen es bereits ein Vierteljahr nach Oersteds Veröffentlichung gelang, die Gesamtheit seiner Beobachtungen in dauernde Begriffe umzuprägen.

Aus Versuchen Biots und Savarts über die Oerstedsche Erscheinung ergab sich das nach ihnen benannte Gesetz über die Wirkung eines Stromelements auf einen Magnetpol. Ist Ds die unendlich klein vorgestellte Länge des Leiterelements, das durch einen elektrischen Strom von der Stärke J durchflossen wird, m die Polstärke, r die Entfernung des Pols vom Stromelement, so ist die Stärke der am Pol angreifenden Kraft K bestimmt durch die Gleichung

$$1)\qquad c\cdot K = J\cdot Ds\cdot m\cdot\frac{\sin(r, Ds)}{r^2},$$

wobei c einen Proportionalitätsfaktor bedeutet, dessen Zahlwert von der Wahl des Längen- und des Kräftemaßes, sowie von den Einheiten abhängt, nach denen m und J bemessen werden. Bei geeigneter Wahl dieser Einheiten wird, wie später genauer auszuführen sein wird, $c = 1$, also

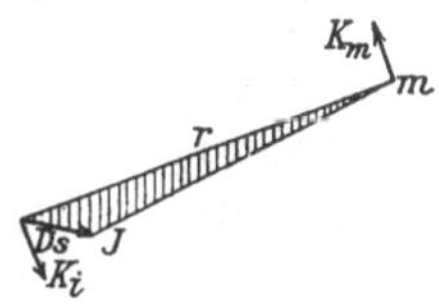

Fig. 3.

$$1b)\qquad K = J\cdot Ds\cdot m\cdot\frac{\sin(r, Ds)}{r^2}.$$

Diese Kraft ist normal zu der durch das Stromelement und den Pol bestimmten Ebene, also normal zur Ebene des Winkels (r, Ds) gerichtet. Was aber den Richtungssinn anlangt, nach welchem diese Kraft wirkt, so fanden dafür Ampère und fast gleichzeitig Gilbert kurz nach der Oerstedschen Entdeckung die elegante Schwimmeregel: Man denke sich mit dem Strome schwimmend, das Gesicht dem Pole zugewendet, dann weicht ein $\begin{cases}\text{Nord-}\\\text{Süd-}\end{cases}$pol aus nach $\begin{cases}\text{links}\\\text{rechts}\end{cases}$.

Daß der Strom einer Kraft unterliegt, die der auf den Pol ausgeübten gleich, aber entgegengesetzt gerichtet ist, hat schon Oersted bemerkt. Unmittelbar findet man sie aus der sogenannten

FLEMINGschen Linken-Hand-Regel, die, obschon weit später in Aufnahme gekommen, doch hier Erwähnung verdient: Die auf das Stromelement D_s ausgeübte bewegende Kraft, die vom Pol m auf einen am Orte des Stromelements gedachten magnetischen Nordpol ausgeübte magnetische Kraft, endlich die in Richtung des Stroms gedachte Stromkraft sind gegeneinander gerichtet wie die ersten drei Finger, Daumen, Zeige- und Mittelfinger, der linken Hand gerichtet sind, wenn man sie zueinander senkrecht ausstreckt.

2. In einfachen Fällen ergibt sich die zu erwartende Naturerscheinung ziemlich unmittelbar aus diesen die Beobachtungen zum Ausdruck bringenden Naturgesetzen.

Fließt z. B. ein Strom durch einen unbegrenzt langen geradlinigen Leiter, so wird auf einen Nordpol, der sich im Abstande a von dem Leiter befindet, eine Kraft ausgeübt, die man als Resultante der von den einzelnen unendlich kleinen Leiterelementen ausgeübten Kräfte durch Integration in folgender Weise findet.

Man denke sich (Fig. 4) den Nordpol, dessen Polstärke m sei, im Koordinatenanfangspunkte eines rechtwinkligen Koordinatensystems. Die Folge der x-, y- und z-Achse wählen wir so, daß das System ein sogenanntes englisches ist, d. h. von der positiven Seite jeder Achse, z. B. der y-Achse, aus gesehen, folgen sich die beiden nächsten, hier also die z- und die x-Achse, in einem Drehsinne, der dem des Uhrzeigers entgegengesetzt ist. Gerade durch die elektromagnetischen Erscheinungen ist die Notwendigkeit, die zueinander symmetrischen Koordinatensysteme, die man in Ermangelung besserer Bezeichnungen englisches und französisches System nennen kann, zu unterscheiden, besonders eindringlich hervorgetreten. Auch kann man, der AMPÈREschen Schwimmeregel entsprechend, die Unterscheidung in folgender Weise treffen: Wer einer in der zx-Ebene eines englischen Systems beschriebenen, den Koordinatenanfangspunkt O umgebenden geschlossenen Kurve in dem durch die Buchstabenfolge angezeigten Drehsinn entlang schwimmt, indem er den Blick nach O hin wendet, hat die y-Richtung zur Linken. Ebenso brauchbar ist die Angabe, daß, wer jener Kurve entlang den Punkt O so umschreitet, daß die positive y-Richtung für ihn nach oben zeigt, diese y-Richtung zur Linken hat. Wie hier mit Bezugnahme auf die menschliche Gestalt, so kann man auch durch Korkzieher, Schrauben und Ranken, deren Achsen einer der Koordinatenachsen parallel verlaufen, die Natur des Koordinatensystems beschreiben. Der FLEMINGschen Regel entspräche die Angabe, ob Daumen, Zeigefinger und Mittelfinger der rechten oder der linken Hand sich so rechtwinklig zueinander ausstrecken lassen, daß sie der Reihe nach x-, y- und z-Richtung eines vorgelegten Systems bezeichnen (oder der Daumen, die Handflächennormale und die übrigen vier Finger in dieser Reihenfolge so geordnet erscheinen). Ohne das Anschauungsbild einer Schraube, nur nach dem vom Gebrauche der Schraube und des Korkziehers her bekannten Muskelgefühl bestimmt man den Unterschied, indem man aussagt, ob die kürzeste Drehung xy im Sinne einer Rechtsschraube erfolgt, die sich nach $+z$ oder nach $-z$ vorschiebt. Bei unserem Systeme würde ersteres der Fall sein.

3. Der Strom verlaufe längs einer in der yz-Ebene liegenden Geraden, parallel der z-Achse in der Richtung der positiven z. Dann ist zunächst jede der Elementarkräfte gemäß dem Biot-Savartschen Gesetz der Größe nach proportional

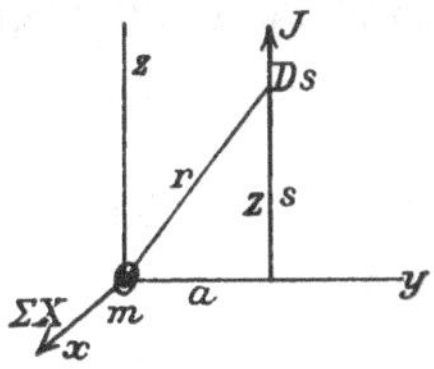

Fig. 4.

2) $$J \cdot Dz \cdot m \cdot \frac{a}{r^3} = J m a \frac{Dz}{\sqrt{a^2 + z^2}^3}.$$

Da ferner nach der Ampèreschen Schwimmeregel alle diese Kräfte im Sinne der positiven x gerichtet sind, wenn positives m Nordmagnetismus bezeichnet, so findet man ihre Resultante durch einfache Addition, also gleich

3) $$\sum X = J \cdot m \cdot a \int_{-\infty}^{\infty} \frac{Dz}{\sqrt{a^2 + z^2}^3} = J m a \left[\frac{z}{a^2 \sqrt{a^2 + z^2}}\right]_{-\infty}^{\infty} = \frac{2}{a} J m,$$

wenn die Konstante c der Gleichung 1) infolge passender Wahl der Einheiten gleich 1 gewählt wird.

Daß die Gesamtkraft, die ein unbegrenzter geradliniger Strom J auf einen Pol m ausübt, dem Abstande a umgekehrt proportional ist, war das eigentliche Beobachtungsergebnis der Biot-Savartschen Versuche, und die oben angegebene Formel 1) für die Einwirkung eines unendlich kleinen, also der Beobachtung gar nicht zugänglichen Stromelements ist nur daraus induziert worden.

4. Noch einfacher ergibt sich die Wirkung eines Stromes, der einen kreisförmig gestalteten Leiter durchfließt, auf einen im Kreismittelpunkte befindlichen Nordpol. Ist a der Halbmesser des Kreises, so übt jedes Stromelement Ds auf den Mittelpunkt nach Größe und Richtung dieselbe Kraft aus, die bei $c = 1$, also nach Gleichung 1b) gleich

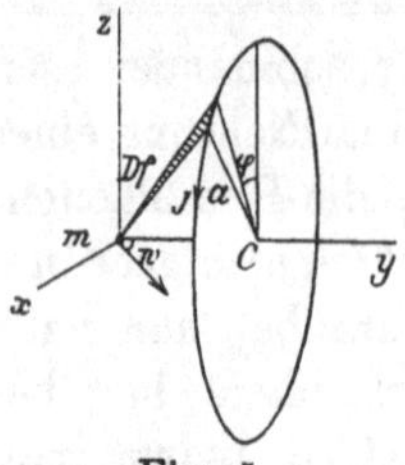

Fig. 5.

$$4)\qquad J \cdot Ds \cdot m \cdot \frac{1}{a^2}$$

gefunden wird. Die Gesamtkraft ist demnach

$$5)\qquad J \cdot 2\pi a \cdot m \cdot \frac{1}{a^2} = J \cdot m \cdot \frac{2\pi}{a}\,.$$

Auch noch in dem Falle, daß der Pol m in der auf der Kreisebene im Mittelpunkt C errichteten Senkrechten liegt und zwar im Abstande e vom Kreismittelpunkte, sind alle Elementarkräfte gleich groß, nämlich gleich

$$6)\qquad J \cdot Ds \cdot m \cdot \frac{1}{a^2 + e^2}\,.$$

Aber diese Elementarkräfte sind jetzt nicht mehr gleich gerichtet, jede steht senkrecht auf der durch den Pol und das Stromelement gelegten Ebene, also auf dem Oberflächenelement eines Kegels, dessen Basis die Kreisebene und dessen Spitze der Pol ist. Dieses Oberflächenelement ist

$$7)\qquad Df = \tfrac{1}{2} \cdot Ds \cdot \sqrt{a^2 + e^2}\,.$$

Die nach der Normale der Kreisebene genommene Komponente einer der Elementarkräfte ist nun

$$8)\qquad J \cdot Ds \cdot m \cdot \frac{1}{a^2 + e^2} \cos w = \frac{2\,Jm}{\sqrt{a^2 + e^2}^{\,3}} \cdot Df \cdot \cos w\,,$$

wobei w den Winkel zwischen der Kraft und dieser Normale oder auch zwischen dem Kegelmantelelement und der Kegelbasis bezeichnet. Daher ist $Df \cdot \cos w$ die Projektion des ersteren auf die letztere, und die Summation aller jener Komponenten ergibt als die vom Strom auf den Pol ausgeübte, in Richtung der Kreisnormale fallende Kraft

$$9)\qquad \frac{2\,Jm}{\sqrt{a^2 + e^2}^{\,3}}\, a^2 \pi = \frac{2\pi J m}{a\sqrt{1 + \left(\frac{e}{a}\right)^2}^{\,3}}\,.$$

Daß die auf den Pol ausgeübte Kraft keine Komponente parallel der Kreisebene liefert, ergibt sich aus vorstehender Entwickelung ohne weitere Ausführung.

Dritter Abschnitt.

Die Newtonsche Fernwirkung und die elektromagnetischen Rotationen.

1. An den Beispielen des vorangehenden Abschnitts, die beim Experimentieren über die neue Naturerscheinung unausgesetzt zur Beobachtung kamen, drängte sich als besonders auffällig die Richtung der elektromagnetischen Kraft in den Mittelpunkt des Interesses. Der Gebrauch des Multiplikators, den SCHWEIGGER schon 1820 angab und POGGENDORFF 1821 auf die Form brachte, die sich dauernd erhielt,[1] führte dieses Neue besonders eindringlich vor Augen und erinnerte den Physiker unausgesetzt daran, daß sich die von OERSTED entdeckte Naturkraft den aus früheren Erfahrungen über Fernwirkungen angewöhnten Vorstellungen in einem Punkte nicht fügte, so sehr es auch im übrigen AMPÈRE gelungen war, sie den altgewöhnten Ansichten über Fernkräfte unterzuordnen.

Die Idee der Fernwirkung geht von NEWTON aus; nach NEWTONS Gravitationsgesetz wirken zwischen allen Himmelskörpern und deren Teilen, also schließlich zwischen irgend zwei Massenpunkten anziehende Kräfte. Die Kraft, mit der ein Massenpunkt von einem andern angezogen wird, ist proportional dem Produkte der Massen und umgekehrt proportional dem Quadrate ihres Abstandes; gerichtet aber ist diese Kraft längs der Verbindungsgeraden beider Massenpunkte. Zwischen je zwei Massenpunkten wirken hiernach nicht nur gleich große, entgegengesetzt gerichtete Kräfte, sondern diese Kräfte liegen auch in derselben Geraden und üben daher um jede beliebige Achse entgegengesetzt gleiche Drehmomente aus.

2. Nach dem Muster dieser NEWTONschen Fernwirkung war es dann COULOMB (geb. 1736, gest. 1806) gelungen, die Wirkungen, die zwischen zwei elektrischen Ladungen und die, die zwischen zwei magnetischen Polen stattfinden, quantitativ zu fassen. Sind zwei im Abstande r befindliche Punkte mit den elektrischen Ladungen e_1 und e_2 behaftet, so üben sie aufeinander Kräfte K aus, die gleich groß sind, nämlich gegeben durch

$$10) \qquad \varepsilon \cdot K = \frac{e_1 \cdot e_2}{r^2},$$

[1] Über die allmähliche Ausbildung dieses Instruments vergleiche HOPPE, Geschichte der Elektrizität, Leipzig 1884, sowie GERLAND und TRAUMÜLLER, Geschichte der physikalischen Experimentierkunst, Leipzig 1899.

wo ε ein nur von den angewendeten Maßeinheiten abhängiger positiver Proportionalitätsfaktor ist; ebenso würden magnetische Pole m_1 und m_2 im Abstande r Kräfte K ausüben, die aus

11) $$\mu \cdot K = \frac{m_1 \cdot m_2}{r^2}$$

folgen, wo wiederum unter μ eine nur von den Maßeinheiten abhängige positive Konstante zu verstehen ist. Wir werden meistens das Maß für die Polstärken so mit den Maßen für Länge und Kraft verknüpfen, daß der Faktor $\mu = 1$ wird; doch soll über diese Wahl der Einheiten erst später ausführlicher gehandelt werden.

Gerichtet sind die Coulombschen Kräfte längs der Verbindungslinie der elektrisch geladenen oder der magnetischen Punkte; sie sind Abstoßungen, wenn das Vorzeichen des nach 10) oder 11) für sie gefundenen Zahlenwertes K, also das Vorzeichen des Produktes $e_1 \cdot e_2$ bzw. des Produktes $m_1 \cdot m_2$ positiv ausfällt, andernfalls Anziehungen.

Die x-Komponente $X_2^{(1)}$ der von m_1 auf m_2 ausgeübten Kraft wird daher durch den Ausdruck

12a) $$\mu X_2^{(1)} = \frac{m_1 m_2}{r^2} \frac{x_2 - x_1}{r} = - \frac{\partial}{\partial x_2}\left(\frac{m_1 m_2}{r}\right)$$

gegeben, wenn

13) $$r = \sqrt{(x_2 - x_1)^2 + (y_2 - y_1)^2 + (z_2 - z_1)^2}$$

den Abstand des Punktes $(x_2 \mid y_2 \mid z_2)$, in dem sich m_2 befindet, von dem Punkte $(x_1 \mid y_1 \mid z_1)$, dem Orte des Magnetpols m_1, darstellt. Und andererseits wird die von m_2 auf m_1 ausgeübte Kraft eine x-Komponente besitzen

12b) $$X_1^{(2)} = \frac{m_1 m_2}{\mu r^2} \frac{x_1 - x_2}{r} = - \frac{\partial}{\partial x_1}\left(\frac{m_1 m_2}{\mu r}\right) = - X_2^{(1)}.$$

3. Daraus ergibt sich eine Folgerung von großer Tragweite. Für irgend ein Körpersystem, zwischen dessen Teilen neben Gravitationskräften auch noch infolge elektrischer Ladungen oder magnetisierter Bestandteile jene von Coulomb gemessenen elektrischen und magnetischen Kräfte wirken, gilt sowohl der Satz von der Erhaltung des Schwerpunkts, als auch der von der Erhaltung der Flächen, da sowohl die Komponenten dieser Kräfte nach irgend einer Richtung, als auch die Drehmomente um irgend eine Achse sich paarweise tilgen.

Der Flächensatz würde nicht mehr gelten, wenn sich ein Körpersystem herstellen ließe, dem ein elektrischer Leiter und ein einzelner Magnetpol angehören, denn in diesem Falle wären zwar die auf den Leiter und die auf den Pol ausgeübten Wechselwirkungen gleich und von entgegengesetzter Richtung, doch würden sich, da diese Kräfte nicht einer und derselben Geraden angehören, ihre Drehmomente nicht tilgen und dadurch die Erhaltung der Flächenbewegungsgröße ausgeschlossen sein.

Derartig ungewöhnten Vorstellungen gegenüber nimmt man gewöhnlich zunächst seine Zuflucht zu dem Versuche, sie als unnötig zu beseitigen. Im vorliegenden Falle versuchte man, den Stromleiter als magnetisiert ansehen zu können und zwar quer magnetisiert, d. h. senkrecht zur Stromrichtung. Aber dieser Versuch erwies sich fürs erste als fruchtlos, und erst im weiteren Verlaufe der Entwickelung wird sich zeigen, daß der Ersatz des Magneten durch Ströme ebenso wie des Stroms durch Magnete allerdings möglich ist und sich sogar dauernd als wertvolle Anschauungsweise erhält. Aber vor der Ausbildung solcher Anschauungen war nötig, sich der neuen Tatsache vor allem mit eindringlicher Aufmerksamkeit hinzugeben und die neue Erfahrung experimentell und mathematisch klar durchzuarbeiten.

4. Die mathematische Aufgabe erledigte André Marie Ampère (geb. 1775 in Lyon, gest. 1836 in Marseille).

Der Magnetpol m befinde sich im Koordinatenursprunge eines englischen Koordinatensystems, das Leiterelement Ds beginne im Punkte $(x \mid y \mid z)$ und endige im Punkte $(x + Dx \mid y + Dy \mid z + Dz)$, wobei Beginn und Ende im Sinne des Stromes J verstanden sein soll, der Ds durchfließt. Setzt man noch

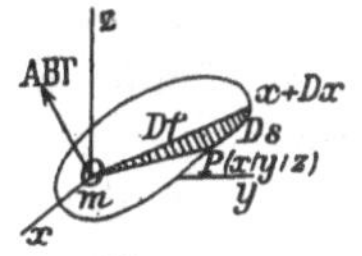

Fig. 6.

$$14) \qquad r^2 = x^2 + y^2 + z^2,$$

so hat das durch Ds und m bestimmte unendlich schmale Dreieck den Inhalt

$$15) \qquad Df = \tfrac{1}{2} r \cdot Ds \cdot \sin(r, Ds),$$

und seine Projektionen auf die drei Koordinatenebenen sind durch bekannte Determinanten darstellbar; z. B. ist die auf die xy-Ebene:

$$16) \qquad \tfrac{1}{2}\begin{vmatrix} x & x + Dx \\ y & y + Dy \end{vmatrix} = \tfrac{1}{2}(x \cdot Dy - y \cdot Dx),$$

und dieser Flächeninhalt wird sich positiv ergeben, wenn die xy-Projektionen der von O aus nach dem Anfangs- und nach dem Endpunkt des Elements Ds gezogenen Strahlen sich in positiver Drehrichtung folgen, d. h. von z aus gesehen in entgegengesetztem Sinne, als der Uhrzeiger dreht.

Versteht man nun unter A, B, Γ die Richtungswinkel der positiven Normale des Flächenelements Df, d. h. derjenigen Seite der Normalen, von der aus jene Strahlen gesehen werden müssen, um sich in der zum Uhrzeigersinn entgegengesetzten Drehrichtung zu folgen, so ist

17) $$Df \cdot \cos \Gamma = \tfrac{1}{2}(x \cdot Dy - y \cdot Dx),$$

und entsprechende Formeln gelten für die Projektionen von Df auf die yz- und die zx-Ebene.

Nach diesen geometrischen Vorbemerkungen können sogleich die Komponenten $X_m\, Y_m\, Z_m$ der von Oersted entdeckten, auf m ausgeübten Kraft nach den Richtungen der x-, y- und z-Achse angegeben werden. Da nämlich diese Kraft, wenn positives m Nordmagnetismus anzeigt, der Größe nach durch

18) $$cK = J \cdot m \cdot \frac{Ds \cdot \sin(r, Ds)}{r^2} = 2\,Jm\frac{Df}{r^3}$$

gegeben ist, zufolge Gleichung 1), und da sie im Sinne der positiven Normalen von Df gerichtet ist, so folgt für ihre Komponenten

19) $$cX_m = 2\,Jm\frac{Df}{r^3}\cos \mathrm{A},\quad cY_m = 2\,Jm\frac{Df}{r^3}\cos \mathrm{B},\quad cZ_m = 2\,Jm\frac{Df}{r^3}\cos \Gamma,$$

oder

20) $$\begin{cases} cX_m = J \cdot m \cdot \dfrac{y\,Dz - z\,Dy}{r^3}, \quad cY_m = J \cdot m \cdot \dfrac{z\,Dx - x\,Dz}{r^3}, \\ cZ_m = J \cdot m \cdot \dfrac{x\,Dy - y\,Dx}{r^3}. \end{cases}$$

Dagegen hat die auf das Stromelement ausgeübte, im Punkte $(x\,|\,y\,|\,z)$ angreifende Kraft Komponenten X_i, Y_i, Z_i, die den vorstehenden entgegengesetzt gleich sind.

Befindet sich der Magnetpol nicht im Koordinatenanfangspunkte, sondern im Punkte x_m, y_m, z_m, so wird

21a) $$cX_m = J \cdot m \cdot \frac{(y - y_m)Dz - (z - z_m)Dy}{r^3} = J \cdot m \left\{\frac{\partial \frac{1}{r}}{\partial y_m} \cdot Dz - \frac{\partial \frac{1}{r}}{\partial z_m} Dy\right\},$$

da ja

$$r^2 = (x - x_m)^2 + (y - y_m)^2 + (z - z_m)^2$$

ist. Entsprechende Umformungen gestatten die Werte von Y_m und Z_m, so daß man erhält

21b) $$\begin{cases} cX_m = Jm\left\{\dfrac{\partial \frac{1}{r}}{\partial y_m} \cdot Dz - \dfrac{\partial \frac{1}{r}}{\partial z_m} Dy\right\}, \quad cY_m = J \cdot m\left\{\dfrac{\partial \frac{1}{r}}{\partial z_m} Dx - \dfrac{\partial \frac{1}{r}}{\partial x_m} Dz\right\}; \\ cZ_m = Jm\left\{\dfrac{\partial \frac{1}{r}}{\partial x_m} Dy - \dfrac{\partial \frac{1}{r}}{\partial y_m} Dx\right\}. \end{cases}$$

5. Diese Gleichungen setzen uns bereits in den Stand, das, was im allgemeinen betreffs der durch die Oerstedschen Kraft veranlaßten Drehwirkungen oben gesagt wurde, auch rechnerisch durchzuführen.

Sei wieder m ein fest im Koordinatenanfangspunkt aufgestellter Nordpol, etwa der Nordpol eines permanenten Magneten, dessen Südpol so fern ist, daß er für die in Betracht zu ziehenden Erscheinungen einflußlos bleibt. Möge ferner ein Leiterstück $A_1 A_2$ derart beweglich aufgestellt sein, daß es sich um die z-Achse zu drehen vermag, was z. B. dadurch ermöglicht wird, daß die Enden $A_1 A_2$ in kreisförmige Quecksilberrinnen tauchen und daß der zur Führung von A_1 dienenden Rinne der Strom zugeführt wird, während die für A_2 bestimmte, die Ableitungsstelle des Stromes enthält.

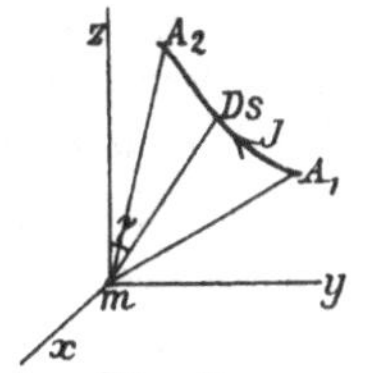

Fig. 7.

Nun berechnen wir das Drehmoment um die z-Achse, das auf den vom Strome J in der Richtung von A_1 nach A_2 durchflossenen Leiter ausgeübt wird. Auf das Leiterelement Ds wird unter der Voraussetzung $c = 1$, Gleichung 1 b), das Drehmoment ausgeübt

$$22)\quad \begin{cases} \Delta = Y_1 x - X_1 y = -Jm\left\{\frac{z\cdot Dx - x\cdot Dz}{r^3} x - \frac{y\cdot Dz - z\cdot Dy}{r^3} y\right\}, \\ \quad = \frac{Jm}{r^3}\{(x^2+y^2)Dz - z(x\cdot Dx + y\cdot Dy)\}, \\ \quad = \frac{Jm}{r^3}\{(x^2+y^2+z^2)Dz - z(x\cdot Dx + y\cdot Dy + z\cdot Dz)\}. \end{cases}$$

Hier erinnern wir uns, daß $r^2 = x^2 + y^2 + z^2$ und daher

$$r\cdot Dr = x\cdot Dx + y\cdot Dy + z\cdot Dz.$$

Wir können also Δ als vollständiges Differential darstellen

$$23)\quad \Delta = Jm\left\{\frac{Dz}{r} - \frac{z\cdot Dz}{r^2}\right\} = Jm\cdot D\left(\frac{z}{r}\right).$$

Führt man noch den Winkel γ ein, den r mit der z-Achse bildet, indem man

$$24)\quad \cos\gamma = \frac{z}{r}$$

setzt, so läßt sich auch schreiben

$$25)\quad \Delta = Jm\cdot D(\cos\gamma).$$

Auf das ganze, von A_1 bis A_2 sich erstreckende Leiterstück wird also ein Drehmoment ausgeübt, das durch Integration des Wertes Δ über alle Leiterelemente sich ergibt als

$$26)\qquad \sum\Delta = Jm(\cos\gamma_2 - \cos\gamma_1) = 2Jm\left(\sin^2\frac{\gamma_1}{2} - \sin^2\frac{\gamma_2}{2}\right).$$

Ist, wie in der Figur 7, $\gamma_1 > \gamma_2$, so wird auf das Leiterstück ein Drehmoment ausgeübt werden, das im positiven Drehsinne beschleunigend wirkt.

Diese Erscheinung wurde bereits 1821 von Faraday beobachtet, der mit der Herstellung elektromagnetischer Rotationen zur ersten seiner großen Entdeckungen gelangte. Eben dem Eigenartigen und Neuem nachspürend, das die Oerstedsche Fernwirkung bot, jenen Kreisbahnen, die Oersted dem elektrischen Konflikt zugeschrieben hatte, tritt Faraday, ich möchte sagen, mit naivem Sinn an die neue Wirkung zwischen Strom und Magnet heran. Ist Ampère bemüht, sie in den Rahmen der überlieferten Kraftvorstellungen hineinzupassen, so erfaßt Faraday sie als ein wesentliches Neues und versenkt sich in sie, unbeeinflußt von den Überlieferungen der Schule.

Vierter Abschnitt.

Der Satz von Stokes.

1. Daß elektromagnetische Rotationen nur eintreten, wenn der bewegliche Draht kein geschlossener elektrisch durchströmter Leiter, sondern ein Teil eines solchen ist, geht aus den vorstehenden Entwickelungen zur Genüge hervor. Ampère gelangte aber zu theoretisch noch weit bedeutsameren Ergebnissen, indem er die Wirkung, die zwischen einem Magnetpol und einem geschlossenen Strome stattfindet, analytisch ermittelte.

Wir bedienen uns dabei eines Satzes, der freilich in der hier zu entwickelnden Form Ampère nicht bekannt war, sondern von Stokes herrührt, dessen Anwendung aber den Gedankengang Ampères abkürzt und übersichtlicher macht.

In einer durch den Anfangspunkt O (Fig. 8) eines beliebigen rechtwinkligen Koordinatensystems gehenden Ebene sei eine beliebige geschlossene Kurve gezeichnet, die ein beweglicher Punkt P in einem bestimmten Drehsinne durchlaufe. Die positive Seite der Normalen, d. h. diejenige Richtung auf der Normalen der Ebene, von der aus gesehen dieser Drehsinn mit dem positiven Drehsinn des Koordinatensystems übereinstimmt, möge die Winkel A, B, Γ mit den Achsen der x, y, z bilden. Während sich P um ein Element seiner Bahn vorwärts bewegt, beschreibt OP einen Sektor Df, dessen xy-Projektion

27) $$Df \cdot \cos\Gamma = \tfrac{1}{2}(x \cdot Dy - y \cdot Dx)$$

ist, wie bereits S. 12 Gleichung 17) entwickelt wurde. Wir summieren nun die bei einem vollen Umlauf von P durch OP bestrichenen Sektoren und erhalten

28) $$2 \cdot f \cdot \cos\Gamma = \int_{\mathfrak{R}} x \cdot Dy - \int_{\mathfrak{R}} y \cdot Dx,$$

wobei f den Inhalt der Fläche bezeichnet, deren Rand die von P beschriebene geschlossene Kurve ist, und durch das Zeichen $\mathfrak{R}$ angedeutet wird, daß die Integrationen über die Elemente dieser Randkurve zu erstrecken sind.

Da ferner das Differential jeder beliebigen eindeutigen stetigen Funktion von x, y und z bei der Integration über eine beliebige Bahn die Differenz: Endwert minus Anfangswert der Funktion, also bei der Integration über eine geschlossene Bahn den Wert Null liefert, so folgt

29) $$\int_{\mathfrak{R}} x \cdot Dy + \int_{\mathfrak{R}} y \cdot Dx = \int_{\mathfrak{R}} D(x \cdot y) = 0.$$

Durch Addition und Subtraktion der Gleichungen 28) und 29) erhält man

30a) $$\int_{\mathfrak{R}} x \cdot Dy = f \cdot \cos\Gamma, \qquad \int_{\mathfrak{R}} y \cdot Dx = -f\cos\Gamma,$$

und diesen Formeln reihen sich bei Betrachtung der yz- und der zx-Projektion derselben Fläche f noch vier weitere an, die durch zyklische Vertauschung aus den für die xy-Projektion gefundenen hervorgehen:

30b) $$\begin{cases} \int_{\mathfrak{R}} y \cdot Dz = f\cos A, & \int_{\mathfrak{R}} z \cdot Dy = -f\cos A, \\ \int_{\mathfrak{R}} z \cdot Dx = f\cos B, & \int_{\mathfrak{R}} x \cdot Dz = -f\cos B. \end{cases}$$

2. Wir denken uns jetzt eine eindeutige stetige Funktion $\varphi(x, y, z)$ gegeben und berechnen deren Wert für jeden Punkt $P(x \mid y \mid z)$ einer geschlossenen Kurve, die sehr kleine Dimensionen besitzt, so daß alle ihre Punkte einem Punkte P_0 sehr nahe sind, dessen Koordinaten x_0, y_0, z_0 heißen mögen. Dann kann nach dem TAYLORschen Satze

$$31)\quad \begin{cases} \varphi(x, y, z) = \varphi(x_0, y_0, z_0) + \left(\frac{\partial \varphi}{\partial x}\right)_0 (x - x_0) \\ \qquad + \left(\frac{\partial \varphi}{\partial y}\right)_0 (y - y_0) + \left(\frac{\partial \varphi}{\partial z}\right)_0 (z - z_0) \end{cases}$$

gesetzt werden, wenn erstens diese Entwickelung, wie wir voraussetzen wollen, anwendbar ist, was ja von dem Charakter der Funktion φ an der Stelle P_0 abhängt, — und wenn zweitens, wie wir voraussetzen, die Kurve so klein ist, daß höhere Potenzen von $x - x_0$, $y - y_0$, $z - z_0$ vernachlässigt werden dürfen. Hierbei gelten die mit 0 indizierten Differentialquotienten für den Punkt P_0. Integriert man nun die Funktion φ über die geschlossene Kurve, die P durchläuft und berücksichtigt dabei die Gleichungen 30) sowie die selbstverständlichen Gleichungen

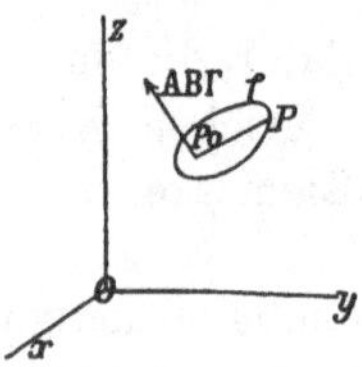

Fig. 8.

$$32)\quad \int_{\mathfrak{R}} Dx = 0, \quad \int_{\mathfrak{R}} x \cdot Dx = \int_{\mathfrak{R}} D(\tfrac{1}{2}x^2) = 0,$$

so ergibt sich

$$33)\quad \int_{\mathfrak{R}} \varphi(x, y, z) \cdot Dx = f \cdot \left\{ \left(\frac{\partial \varphi}{\partial z}\right)_0 \cdot \cos \mathrm{B} - \left(\frac{\partial \varphi}{\partial y}\right)_0 \cdot \cos \Gamma \right\}.$$

Daß man entsprechende Formeln entwickeln kann, wenn man an Stelle von Dx die Differentiale Dy oder Dz treten läßt, bedarf keiner Ausführung.

Stellen also $\mathfrak{B}_x$, $\mathfrak{B}_y$, $\mathfrak{B}_z$ drei eindeutige und stetige Funktionen von x, y, z dar, die sich in der Umgebung des Punktes P_0 nach dem TAYLORschen Satze entwickeln lassen, so gilt für jede in hinreichender Nähe an P_0 verlaufende geschlossene Kurve $\mathfrak{R}$, die eine hinreichend kleine Fläche f berandet, der Satz

$$\begin{aligned} \int_{\mathfrak{R}} (\mathfrak{B}_x \cdot Dx + \mathfrak{B}_y \cdot Dy + \mathfrak{B}_z \cdot Dz) &= \left\{ \left(\frac{\partial \mathfrak{B}_x}{\partial z}\right)_0 \cos \mathrm{B} - \left(\frac{\partial \mathfrak{B}_x}{\partial y}\right)_0 \cos \Gamma \right\} \cdot f \\ &+ \left\{ \left(\frac{\partial \mathfrak{B}_y}{\partial x}\right)_0 \cos \Gamma - \left(\frac{\partial \mathfrak{B}_y}{\partial z}\right)_0 \cos \mathrm{A} \right\} \cdot f \\ &+ \left\{ \left(\frac{\partial \mathfrak{B}_z}{\partial y}\right)_0 \cos \mathrm{A} - \left(\frac{\partial \mathfrak{B}_z}{\partial x}\right)_0 \cos \mathrm{B} \right\} \cdot f \end{aligned}$$

oder in anderer Anordnung der Glieder

$$34)\quad \begin{cases} \int_{\mathfrak{R}} (\mathfrak{B}_x \cdot Dx + \mathfrak{B}_y \cdot Dy + \mathfrak{B}_z \cdot Dz) = f \cdot \left\{ \left(\frac{\partial \mathfrak{B}_z}{\partial y} - \frac{\partial \mathfrak{B}_y}{\partial z}\right)_0 \cos \mathrm{A} \right. \\ \qquad \left. + \left(\frac{\partial \mathfrak{B}_x}{\partial z} - \frac{\partial \mathfrak{B}_z}{\partial x}\right)_0 \cos \mathrm{B} + \left(\frac{\partial \mathfrak{B}_y}{\partial x} - \frac{\partial \mathfrak{B}_x}{\partial y}\right)_0 \cos \Gamma \right\}. \end{cases}$$

Und zwar wird diese Formel um so genauer zutreffen, je kleiner die Dimensionen der Randkurve $\mathfrak{R}$ und ihr Flächeninhalt f sind.

Die Richtungswinkel $\mathsf{A}\,\mathsf{B}\,\Gamma$ kommen dabei demjenigen Strahle zu, den man infolge seiner oben dargelegten Beziehungen zum Koordinatensystem als positive Normale von f bezeichnen kann.

3. Die Integralformel 34) gestattet nun eine sehr einfache geometrische Deutung, wenn man $\mathfrak{B}_x$, $\mathfrak{B}_y$ und $\mathfrak{B}_z$ als Komponenten eines Vektors $\mathfrak{B}$, genommen nach den Richtungen x, y, z, ansieht und andrerseits durch

$$35)\quad \mathfrak{Q}_x = \frac{\partial \mathfrak{B}_z}{\partial y} - \frac{\partial \mathfrak{B}_y}{\partial z},\qquad \mathfrak{Q}_y = \frac{\partial \mathfrak{B}_x}{\partial z} - \frac{\partial \mathfrak{B}_z}{\partial x},\qquad \mathfrak{Q}_z = \frac{\partial \mathfrak{B}_y}{\partial x} - \frac{\partial \mathfrak{B}_x}{\partial y}$$

die x-, y- und z-Komponenten eines andern Vektors $\mathfrak{Q}$ definiert, der der Quirl (*curl*) oder der Rotor zum Vektor $\mathfrak{B}$ heißen soll. Denn dann ist offenbar

$$36)\qquad \mathfrak{Q}_x \cos\mathsf{A} + \mathfrak{Q}_y \cos\mathsf{B} + \mathfrak{Q}_z \cos\Gamma = \mathfrak{Q}_n,$$

die Komponente von $\mathfrak{Q}$ nach der Richtung n, die der positiven Normale der Fläche f zukommt, und wir haben

$$37)\qquad \int_{\mathfrak{R}} (\mathfrak{B}_x \cdot Dx + \mathfrak{B}_y \cdot Dy + \mathfrak{B}_z \cdot Dz) = \mathfrak{Q}_n \cdot f.$$

Noch übersichtlicher gestaltet sich das Ergebnis, wenn das Bogenelement Ds der Randkurve durch die Formeln

$$Dx = Ds \cdot \cos(s, x),\quad Dy = Ds \cdot \cos(s, y),\quad Dz = Ds \cdot \cos(s, z)$$

eingeführt und unter $\mathfrak{B}_s$ die Komponente von $\mathfrak{B}$ nach der Richtung s dieses Bogenelements Ds verstanden wird; denn dann ergibt sich

$$38)\qquad \int_{\mathfrak{R}} \mathfrak{B}_s \cdot Ds = \mathfrak{Q}_n \cdot f$$

als eine einfache Beziehung zwischen dem Randintegral des Vektors $\mathfrak{B}$ und dem Quirl $\mathfrak{Q}$ dieses Vektors $\mathfrak{B}$.

4. Wir gelangen endlich zum Satze von STOKES, indem wir diese Integralformel auf eine endliche geschlossene Kurve ausdehnen. Sei also irgend eine ebene oder räumlich gewundene geschlossene Kurve $\mathfrak{R}$ gegeben. Wir denken sie uns als Berandung eines im übrigen ganz beliebigen, also im allgemeinen nicht ebenen Flächenstückes F und zerlegen dieses in folgender Weise in verschwindend kleine Flächenstücke DF (so daß DF an Stelle des bisher mit f bezeichneten Flächenelements tritt). Irgend zwei Punkte A und B der Kurve $\mathfrak{R}$ verbinden wir durch eine auf der Fläche F hinlaufende Linie AB und fügen dem über $\mathfrak{R}$ zu erstreckenden

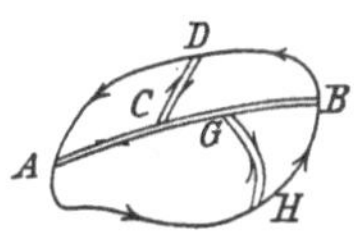

Fig. 9.

Integral noch zwei Teile hinzu, die über AB als Hin- und als Rückweg erstreckt sind. Diese beiden Teile tilgen sich, und es erweist sich also als gleichgültig, ob man das Integral über den Rand $\mathfrak{R}$ von F oder über die Ränder der beiden Flächenstücke F_1 und F_2 erstreckt, in die F durch die Brücke AB zerlegt wurde. Indem man jetzt jedes dieser Flächenstücke F_1 und F_2 durch Brücken wie CD oder GH in weitere Teile zerlegt und das Verfahren fortsetzt, bis man F in Flächenelemente zerlegt hat, ergibt sich

39) $$\int_{\mathfrak{R}} \mathfrak{V}_s \cdot Ds = \int_F \mathfrak{Q}_n \cdot DF,$$

oder ausführlicher

40) $$\begin{cases} \int_{\mathfrak{R}} (\mathfrak{V}_x \cdot Dx + \mathfrak{V}_y \cdot Dy + \mathfrak{V}_z \cdot Dz) \\ \qquad = \int_F \{\mathfrak{Q}_x \cos \mathsf{A} + \mathfrak{Q}_y \cos \mathsf{B} + \mathfrak{Q}_z \cos \Gamma\} \cdot DF. \end{cases}$$

Kennt man drei eindeutige stetige Funktionen in allen Punkten einer berandeten Fläche F, und lassen sich diese Funktionen in allen diesen Punkten nach dem Taylorschen Satze entwickeln, so wird das über den Rand der Fläche F in einem bestimmten Umlaufssinne erstreckte Integral

$$\int_{\mathfrak{R}} (\mathfrak{V}_x \cdot Dx + \mathfrak{V}_y \cdot Dy + \mathfrak{V}_z \cdot Dz) = \int_{\mathfrak{R}} \mathfrak{V}_s \cdot Ds$$

denselben Wert besitzen, wie ein gewisses über alle Flächenelemente der Fläche F erstrecktes Integral. Um dieses aufzustellen, bilde man die Quirlfunktionen $\mathfrak{Q}_x$, $\mathfrak{Q}_y$, $\mathfrak{Q}_z$ zu den Funktionen $\mathfrak{V}_x$, $\mathfrak{V}_y$, $\mathfrak{V}_z$ mittels der Gleichungen 35), bestimme bezüglich des Umlaufssinnes, in dem das Randintegral gebildet wurde, diejenige Seite n $(\mathsf{A} \mid \mathsf{B} \mid \Gamma)$ der Normale in jedem Flächenelement, die unter Rücksicht auf das angewendete Koordinatensystem als positiv zu bezeichnen ist, und berechne nach Formel 36) den Wert $\mathfrak{Q}_n$. Dann hat das Flächenintegral

$$\int_F \mathfrak{Q}_n \cdot DF = \int_F \{\mathfrak{Q}_x \cdot \cos \mathsf{A} + \mathfrak{Q}_y \cdot \cos \mathsf{B} + \mathfrak{Q}_z \cdot \cos \Gamma\} \cdot DF$$

denselben Wert wie obiges Randintegral.

Fünfter Abschnitt.

Geschlossene Ströme und Magnete.

1. Wir kehren zu der auf S. 14 gestellten Aufgabe zurück, die Gesamtkraft zu bestimmen, die auf einen im Punkte $(x_m \mid y_m \mid z_m)$ eines englischen Koordinatensystems angebrachten Nordpol m von einem geschlossenen Strome ausgeübt wird. Die x-Komponente dieser Gesamtkraft ergibt sich durch Addition der x-Komponenten aller von den einzelnen Stromelementen ausgeübten elektromagnetischen Kräfte nach Gleichung 21) S. 12

$$c \cdot \sum X_m = Jm \int_{\mathfrak{R}} \left(\frac{y - y_m}{r^3} \cdot Dz - \frac{z - z_m}{r^3} \cdot Dy \right)$$

$$= Jm \int_{\mathfrak{R}} \left\{ 0 \cdot Dx - \frac{z - z_m}{r^3} Dy + \frac{y - y_m}{r^3} Dz \right\} \cdot$$

Dieses über alle Elemente des geschlossenen Stromkreises, den der Strom J durchfließt, erstreckte Integral unterwerfen wir der STOKESschen Umformung 40), indem wir einführen

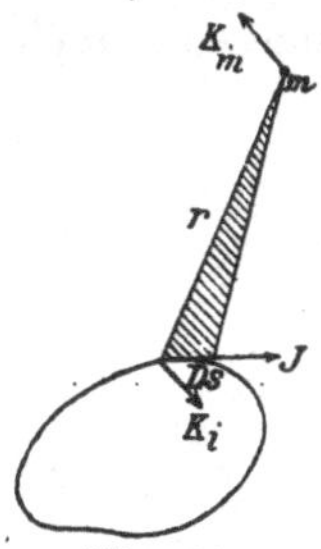

Fig. 10.

$$\mathfrak{V}_x = 0, \quad \mathfrak{V}_y = -\frac{z - z_m}{r^3}, \quad \mathfrak{V}_z = \frac{y - y_m}{r^3}.$$

Da nun

$$r^2 = (x - x_m)^2 + (y - y_m)^2 + (z - z_m)^2,$$

so folgt aus 35)

$$41) \begin{cases} \mathfrak{Q}_x = \dfrac{\partial \mathfrak{V}_z}{\partial y} - \dfrac{\partial \mathfrak{V}_y}{\partial z} = \dfrac{1}{r^3} - \dfrac{3(y-y_m)^2}{r^5} + \dfrac{1}{r^3} - \dfrac{3(z-z_m)^2}{r^5} = \dfrac{3(x-x_m)^2}{r^5} - \dfrac{1}{r^3} \\ \qquad = -\dfrac{\partial}{\partial x}\left(\dfrac{x - x_m}{r^3}\right) = \dfrac{\partial}{\partial x_m}\left(\dfrac{x - x_m}{r^3}\right), \\ \mathfrak{Q}_y = \dfrac{\partial \mathfrak{V}_x}{\partial z} - \dfrac{\partial \mathfrak{V}_z}{\partial x} = -\dfrac{\partial}{\partial x}\left(\dfrac{y - y_m}{r^3}\right) = \dfrac{\partial}{\partial x_m}\left(\dfrac{y - y_m}{r^3}\right), \\ \mathfrak{Q}_z = \dfrac{\partial \mathfrak{V}_y}{\partial x} - \dfrac{\partial \mathfrak{V}_x}{\partial y} = -\dfrac{\partial}{\partial x}\left(\dfrac{z - z_m}{r^3}\right) = \dfrac{\partial}{\partial x_m}\left(\dfrac{z - z_m}{r^3}\right). \end{cases}$$

Somit ergibt sich aus 40)

$$42) \quad c \cdot \sum X_m = J \cdot m \frac{\partial}{\partial x_m} \int_F \left\{ \frac{x - x_m}{r^3} \cos \mathsf{A} + \frac{y - y_m}{r^3} \cos \mathsf{B} + \frac{z - z_m}{r^3} \cos \Gamma \right\} \cdot DF,$$

wobei die Integration über eine von der Stromkurve $\mathfrak{R}$ berandete Fläche F zu erstrecken ist. Diese Formel vereinfacht sich durch die Bemerkung, daß

$$\frac{x_m - x}{r}, \quad \frac{y_m - y}{r}, \quad \frac{z_m - z}{r}$$

die Richtungskosinus der Strecke r sind, wenn man diese in der Richtung vom Punkte $(x \mid y \mid z)$ der Fläche F als Anfangspunkt nach dem Pol $(x_m \mid y_m \mid z_m)$ hin als Endpunkt positiv rechnet, und daß infolgedessen

$$43)\qquad \frac{x_m - x}{r}\cos \mathsf{A} + \frac{y_m - y}{r}\cos \mathsf{B} + \frac{z_m - z}{r}\cos \Gamma = \cos(r, n)$$

den Kosinus des Winkels bezeichnet, den diese Richtung r mit der positiven Normalen der Fläche F im Punkte $(x \mid y \mid z)$ einschließt, d. h. also, bei Berücksichtigung des Koordinatensystems, mit der Richtung, von der aus gesehen der Strom entgegengesetzt dem Uhrzeigersinne umläuft. Es folgt

$$44\text{a})\qquad c \cdot \sum X_m = - J \cdot m \frac{\partial}{\partial x_m} \int_F \frac{\cos(r\, n)}{r^2} \cdot DF,$$

und entsprechend würde man finden

$$44\text{b})\qquad \left\{ \begin{aligned} c \cdot \sum Y_m &= - J \cdot m \frac{\partial}{\partial y_m} \int_F \frac{\cos(r\, n)}{r^2} \cdot DF \\ c \cdot \sum Z_m &= - J \cdot m \frac{\partial}{\partial z_m} \int_F \frac{\cos(r\, n)}{r^2} \cdot DF \end{aligned} \right. .$$

2. Die Bedeutung der Gleichungen 44) für die elektromagnetische Kraft, die ein geschlossener Strom auf einen Magnetpol ausübt, liegt in der geometrischen und physikalischen Deutung, deren sie fähig sind.

Denken wir uns auf der positiven Seite der verschwindend kleinen ebenen Fläche $f = DF$ im Abstande $\frac{1}{2}\delta$ einen magnetischen Nordpol von der Polstärke M, dessen Koordinaten $(x_1 \mid y_1 \mid z_1)$ seien, auf der negativen Seite im selben Abstand einen Südpol $-M$ mit den Koordinaten $(x_2 \mid y_2 \mid z_2)$. Beide üben auf einen Nordpol m, der sich im Abstande r_1 bzw. r_2 von ihnen und im Abstande r von f befindet und der die Koordinaten $(x_m \mid y_m \mid z_m)$ besitzt, eine Kraft aus, deren x-Komponente nach Gleichung 11) S. 10 den Wert hat

$$\frac{M \cdot m}{\mu r_1^2}\cos(r_1\, x) - \frac{M \cdot m}{\mu r_2^2}\cos(r_2\, x).$$

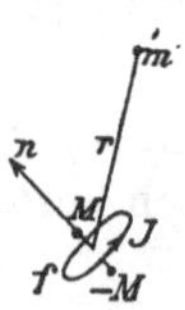

Fig. 11.

Da nun bei hinreichend kleinem δ

$$r_1 = r - \tfrac{1}{2}\delta \cdot \cos(n\, r), \quad r_2 = r + \tfrac{1}{2}\delta \cdot \cos(n\, r),$$

$$\cos(r_1\, x) = \frac{x_m - x_1}{r_1}, \quad \cos(r_2\, x) = \frac{x_m - x_2}{r_2},$$

so folgt, daß beide Pole M auf m eine Kraft ausüben, deren x-Komponente

$$45)\qquad -\frac{Mm}{\mu}\frac{\partial}{\partial x_m}\left(\frac{1}{r_1} - \frac{1}{r_2}\right) = -\frac{Mm}{\mu}\frac{\partial}{\partial x_m}\left(\frac{\delta \cdot \cos(r, n)}{r^2}\right).$$

Aus dieser Entwickelung geht übrigens noch die Berechtigung hervor,

46) $$\frac{\cos(r\,n)}{r^2} = \frac{\partial}{\partial n}\left(\frac{1}{r}\right)$$

zu setzen. Das ergibt sich auch aus der folgenden Rechnung

$$\frac{\partial}{\partial n}\left(\frac{1}{r}\right) = -\frac{1}{r^2}\left(\frac{\partial r}{\partial x}\cdot\frac{\partial x}{\partial n} + \frac{\partial r}{\partial y}\cdot\frac{\partial y}{\partial n} + \frac{\partial r}{\partial z}\cdot\frac{\partial z}{\partial n}\right) = \frac{1}{r^2}\cos(r\,n),$$

bei der zu beachten war, daß

$$\frac{\partial r}{\partial x} = -\frac{x_m - x}{r} = -\cos(r\,x), \qquad \frac{\partial r}{\partial y} = -\cos(r\,y), \qquad \frac{\partial r}{\partial z} = -\cos(r\,z)$$

und

$$D x = D n \cdot \cos(n\,x), \qquad D y = D n \cdot \cos(n\,y), \qquad D z = D n \cdot \cos(n\,z).$$

Der Vergleich der Formeln 45) und 44) ergibt den wichtigen, von Ampère gefundenen Satz: Ein kleiner geschlossener Stromkreis übt auf einen Magnetpol m dieselbe Kraft aus, wie ein an Stelle des Stromkreises befindlicher kleiner Magnet. Die magnetische Achse δ muß nach der Seite der Stromflächennormale gerichtet sein, welche die Linke eines mit dem Strome Schwimmenden, das Gesicht der Stromfläche Zuwendenden anzeigt; der Länge nach muß δ sehr klein gegenüber der Entfernung des beeinflußten Magnetpols m gewählt werden und mit der Polstärke M ein magnetisches Moment $M \cdot \delta$ liefern, das dem Produkt aus Stromstärke J und Stromfläche f gleicht, wenn die Konstanten c und μ gleich 1 gewählt werden, da

47) $$\frac{M\delta}{\mu} = \frac{J \cdot f}{c}.$$

Für spätere Anwendungen sei hier angemerkt, daß die Multiplikation vorstehender Ausdrücke mit einer Polstärke m, dividiert durch den Kubus einer Länge, eine beschleunigende Kraft ergibt.

3. Hiermit sind wir zu Ampères Theorie der Solenoide gelangt. Denkt man sich Punkte einer beliebigen Raumkurve von kleinen Strömen gleichsinnig umflossen, die in den Normalebenen dieser Punkte liegen, und ist δ der kleine Abstand je zweier solchen Punkte, so ist jeder Strom durch einen Nord- und einen Südpol ersetzbar. Der Südpol jedes der Ströme fällt mit dem Nordpol des folgenden Stromes zusammen, so daß nur am Anfang der Punktreihe ein Nord-, am Endpunkt ein Südpol wirksam bleibt, deren Polstärke $M = \frac{\mu}{c} \cdot \frac{Jf}{\delta}$ ist. Kommen also auf die Längeneinheit der Raumkurve ν Windungen, so daß $\delta \cdot \nu = 1$, so ist die Polstärke $M = \frac{\mu}{c} \cdot Jf\nu$, und es folgt der Satz: Wenn eine Kurve AB von einer Reihe enger Drahtwindungen umschlossen wird, deren v auf die Längeneinheit der Kurve kommen, wenn jede Windung die kleine Fläche f umschließt und alle Windungen von einem elektrischen Strome J durchflossen werden, so wird diese Vorrichtung, die Solenoid (σωλήν Röhre) heißt, auf jeden magnetischen Nordpol, der sich außerhalb AB befindet, dieselbe Wirkung ausüben, als befände sich in demjenigen ihrer Endpunkte, von dem aus gesehen der Strom umläuft wie der Uhrzeiger ein magnetischer Südpol, im andern Endpunkt ein magnetischer Nordpol von der Polstärke $J \cdot f \cdot v$ (bei der Konstantenwahl $c = \mu = 1$).

4. Weiter gründete Ampère auf die beim Vergleich der Formeln 44) und 45) hervortretende Analogie zwischen der Wirkung eines kleinen geschlossenen Stroms und der Wirkung eines kleinen Magneten seine berühmte Theorie des Magnetismus. Jede Eisenmolekel denke man sich von einem kleinen elektrischen Strom umgürtet, der ebenso unzerstörbar zu ihren Eigenschaften gehört, wie etwa ihre Masse oder ihre chemische Affinität. Ein Stück Eisen magnetisieren heißt dann, seine Molekeln dergestalt drehen, daß die sämtlichen Stromebenen nahezu parallel gestellt werden. Der Drehung setzen die Molekeln einen Widerstand entgegen, der sich als die sogenannte Koerzitivkraft bekundet.

5. Endlich gestattet der Vergleich der Formeln 44) und 45) auch einen beliebigen endlichen geschlossenen Strom durch Magnetismus zu ersetzen. Stellt man sich nämlich wieder die Stromkurve als Rand einer beliebigen Fläche F vor und zerlegt diese Fläche, wie das oben S. 17 ausgeführt wurde, in unendlich kleine gleichsinnig umlaufene Stromflächen $DF = f$, so ist jede der letzteren durch ein magnetisches Polpaar ersetzbar, die Fläche F also durch eine magnetische Doppelschicht. Man trage auf jeder der Normalen der Fläche beiderseits eine kleine Strecke $\frac{\delta}{2}$ auf und konstruiere so zwei der Fläche F unendlich nahe gelegene Parallelflächen. Beladet man nun die auf der einen Seite von F gelegene Parallelfläche dergestalt gleichförmig mit Nordmagnetismus, daß jede Flächeneinheit die Polstärke M^1 erhält, und bringt auf der andern Seite von F ebenso starken Südmagnetismus an, so wird die magnetische Doppelschicht dieselbe Wirkung auf jeden äußeren Punkt ausüben, wie der Strom J, der ihren Rand umfließt, wenn nur

47b) $$M^1 \cdot \delta = \frac{\mu}{c} \cdot J$$

gemacht wurde. Mit Südmagnetismus ist dabei diejenige Seite der Fläche F zu beladen, von der aus gesehen die Fläche im Uhrzeigersinne vom Strome umflossen wird, oder, wer mit dem Strome die Fläche F, nach ihrem Innern blickend, umschwimmt, hat den Nordmagnetismus zur Linken.

6. So war denn wirklich die elektromagnetische Wirkung auf eine rein magnetische zurückgeführt, das Neue durch Altes wiedergegeben, wie es (vgl. S. 11) die Absicht der ersten Bearbeiter war. Dabei ist es befremdlicherweise ganz gleichgültig, wie man die Fläche F wählt, wenn nur der Strom sie berandet. Man wird also z. B., um die Wirkung zu berechnen, die ein stromdurchflossener Kreis auf einen Nordpol m ausübt, der sich auf der zur Kreisebene im Mittelpunkt errichteten Normalen befindet, vorteilhafterweise als Fläche F eine Kugelkappe wählen, deren Mittelpunkt m ist und die vom Stromkreise berandet ist; man wird so durch eine sehr einfache Betrachtung zu der S. 8 angegebenen Formel 9) geführt.

Daß ein Strom durch einen Magneten ersetzbar ist, sofern es sich um die mechanische Wirkung auf Magnetpole handelt, läßt erwarten, daß auch in andern Wirkungen Strom und Magnet gleichwertig sind. In der Tat gelang es, wie der folgende Abschnitt darlegen wird, bereits AMPÈRE, die mechanischen Wirkungen eines Stromes auf einen andern festzustellen und nachzuweisen, daß sie durch Wirkungen, die ein Magnet auf einen andern ausübt, ersetzbar sind. Noch näher lag die Folgerung, daß, wie ein Magnet, so auch ein Strom auf ein Eisenstück magnetisierend wirken müsse; ARAGO hat schon im September 1820 diese Folgerung bestätigt gefunden, indem er Eisenfeilspäne und unmagnetisierte Nadeln in der Nähe eines elektrischen Stromes magnetisch werden sah, und in den folgenden Jahren wurden in England durch STURGEON die ersten Elektromagnete hergestellt.

In theoretischer Beziehung aber ist vor allem bemerkenswert, daß durch die Ergebnisse AMPÈRES die Bedenken hinsichtlich der allgemeinen Gültigkeit des Satzes von der Erhaltung der Flächen wieder behoben wurden. Denn alle galvanischen Ströme sind geschlossene Ströme, nur wenn man Teile derselben ins Auge faßt, treten für diese Abweichungen von der Flächenerhaltung auf, wie sie oben S. 13 behandelt wurden.

Zweiter Teil.

Wechselwirkungen zwischen Strömen.

Ampère.

Erster Abschnitt.

Ampères Grundgesetz.

1. Ampère hat nicht nur die von Oersted entdeckte neue Erscheinung theoretisch durchgearbeitet, sondern ihr auch sofort, bereits nach wenigen Wochen eine neue beigefügt: er ist der Entdecker der Anziehungen und Abstoßungen, die zwei Ströme aufeinander ausüben, der sogenannten elektrodynamischen Wechselwirkungen, denen gegenüber die Wirkungen zwischen Strömen und Magneten als elektromagnetische Wechselwirkungen bezeichnet wurden. Denkt man sich jeden Strom in kleine Stromteile zerlegt, so entsteht die Aufgabe, die Kraft, die ein Stromelement auf irgend ein anderes ausübt, so zu bestimmen, daß die Kraft, die von einem endlichen Leiterstück auf ein anderes erfahrungsmäßig ausgeübt wird, als Resultante solcher zwischen Stromelementen angenommenen Elementarkräfte darstellbar ist. Es erscheint von vornherein nicht unmöglich, daß verschiedene Annahmen über die Elementarkräfte, verschiedene Hypothesen, zu derselben resultierenden Kraft für geschlossene Ströme führen. Sie würden dann zunächst als gleichberechtigt anzusehen sein, da Messungen über Bewegungsvorgänge an einem Teilstücke eines geschlossenen Leiters infolge der Widerstände in den Führungen, in denen die Endpunkte eines solchen Teilstückes gleiten müssen, viel ungenauer ausfallen, als die über Bewegungen in sich geschlossener Leiter. In der Tat sind nach Ampère teils in Abänderung seines Gedankenganges, teils auf wesentlich neuer Grundlage andere Elementargesetze veröffentlicht worden, die indessen nie die Verbreitung des Ampèreschen Gesetzes gefunden haben.

Ampère stellte 1820 folgendes Elementargesetz auf für die Wirkung zweier Stromelemente aufeinander: Sind J_1 und J_2 die

Stromstärken zweier Ströme, Ds_1 und Ds_2 von ihnen durchflossene Leiterelemente, ist r der Abstand dieser Leiterelemente, ε der Winkel, den sie miteinander bilden, ϑ_1 der Winkel, den Ds_1, ϑ_2 der, den Ds_2 mit r einschließt, so ist die Kraft, die Ds_1 auf Ds_2 ausübt, der von Ds_2 auf Ds_1 ausgeübten entgegengesetzt gleich und zwar proportional mit

$$\frac{J_1 \cdot D s_1 \cdot J_2 \cdot D s_2}{r^2}(3 \cos \vartheta_1 \cos \vartheta_2 - 2 \cos \varepsilon).$$

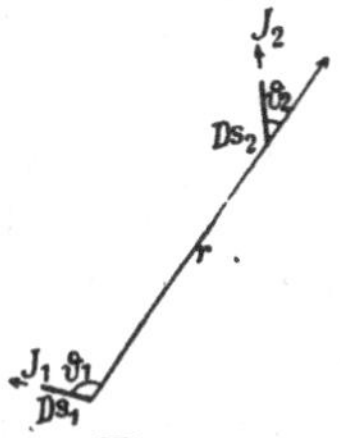

Fig. 12.

Beide Kräfte wirken in der Verbindungslinie r und sind Abstoßungen oder Anziehungen, je nachdem das Vorzeichen des Klammerausdrucks positiv ist oder negativ. Dabei ist zu beachten, daß die Winkel ε, ϑ_1, ϑ_2 zwischen den durch die Stromrichtungen angezeigten Richtungen der Stromelemente und einer auf r willkürlich festgesetzten Richtung zu messen sind.

2. An dieser Ampèreschen Formel erscheint der Klammerausdruck auffällig verwickelt, während im übrigen die Formel nur naheliegende Ansätze enthält, über deren experimentelle Begründung kein Zweifel bestehen kann. Es soll daher hier nur gezeigt werden, wie Ampère zu dem so eigenartigen Klammerausdrucke gelangt ist. Wir führen zu diesem Zwecke die Abkürzung

$$1) \qquad R = \frac{J_1 J_2}{r^2}$$

ein und machen für die Wechselwirkung K zwischen Stromelementen zunächst den Ansatz

$$2) \qquad K = R \cdot f(\cos \vartheta_1, \cos \vartheta_2, \cos \varepsilon) \cdot D s_1 \cdot D s_2,$$

wo f eine vorläufig unbekannte Funktion der durch die gegenseitige Lage von r, Ds_1 und Ds_2 bestimmten Winkel bedeutet, die außerdem noch von den angewendeten Maßeinheiten abhängig sein kann.

Über die Natur dieser Funktion verschafft sich nun Ampère Aufklärung durch die Erfahrung, daß eine Stromleitung, die vom Punkte A nach dem Punkte B geradlinig führt, durch jede von B nach A geführte Rückleitung vollkommen wirkungslos gemacht werden kann. Hin- und Rückleitung zusammen üben nämlich auf irgend einen andern Strom S keine Kraft aus, gleichgültig ob die Rückleitung geradlinig, krummlinig oder auch im Zickzack geführt ist, wenn sie nur der Hinleitung überall so nahe liegt, daß der Abstand beider Leitungen gegenüber dem Abstande des Stromes S von ihnen verschwindend klein ist. Hieraus kann man nicht nur schließen, daß von entgegengesetzt gleichen Strömen durchflossene Stromelemente gleicher Größe und Lage entgegengesetzte Kräfte auf jedes andere Stromelement ausüben, sondern auch, daß jedes geradlinige Stromelement durch einen beliebigen, ihm hinreichend nahe liegenden Linienzug gleichen Anfangs- und Endpunkts, also vor allem durch seine Komponenten nach den drei Koordinatenachsen, ersetzt werden darf, ohne daß dadurch an den von ihm ausgeübten elektrodynamischen Wirkungen irgend etwas geändert wird. Setzt man demgemäß für Ds_1 seine drei Komponenten

3) $Dx_1 = Ds_1 \cdot \cos\alpha_1, \quad Dy_1 = Ds_1 \cdot \cos\beta_1, \quad Dz_1 = Ds_1 \cdot \cos\gamma_1,$

indem man mit α_1, β_1, γ_1 die Richtungswinkel von Ds_1 bezeichnet, und verfährt man entsprechend mit Ds_2, so erscheint K als Resultante von neun Kräften, nämlich den von Dx_1, Dy_1 und Dz_1 auf jedes der Leiterelemente Dx_2, Dy_2 und Dz_2 ausgeübten.

3. Diese neun Kräfte reduzieren sich aber auf drei. Das ergibt sich durch eine geschickte Anwendung unserer räumlichen Anschauungen sehr einfach in folgender Weise. Wir konstruieren zu Ds_1 die mittelsenkrechte Ebene E und denken uns in ihr Ds_1 und Ds_2 gespiegelt; die Spiegelbilder mögen Ds'_1 und Ds'_2 heißen. Dann besteht kein Zweifel, daß die Kraft K', die Ds'_1 auf Ds'_2 ausüben würde, das Spiegelbild der von Ds_1 auf Ds_2 ausgeübten Kraft K, also der Größe nach nicht von K verschieden wäre. Liegt nun Ds_2 in der Ebene E (Fig. 13), so ist Ds'_2 mit Ds_2 identisch, während Ds'_1 mit Ds_1 entgegengesetzt gerichtet ist, so daß die mit K' und K bezeichneten Wirkungen entgegengesetzt gleich ausfallen müssen. K' und K können aber nur dann gleichzeitig gleich und entgegengesetzt gleich sein, wenn sie Null sind. So ergibt sich, daß ein Element Ds_1 keine Wirkung auf ein Element Ds_2 ausübt, wenn sich dieses in der zu Ds_1 mittelsenkrechten Ebene befindet.

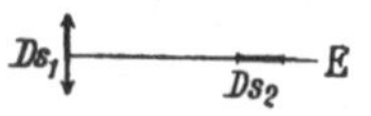

Fig. 13.

Wählt man nun die Verbindungslinie r zur x-Achse, so erkennt man hiernach, daß von den soeben in Betracht gezogenen neun Kräften sich sechs tilgen, z. B. die von Dx_1 auf Dy_2 oder Dz_2 ausgeübte, und es bleiben nur drei Kräfte, deren Resultante K ist, übrig, nämlich die von Dx_1 auf Dx_2, die von Dy_1 auf Dy_2 und die von Dz_1 auf Dz_2 ausgeübte. Mittels des oben in Gleichung 2) eingeführten Funktionszeichens f lassen sich diese drei Kräfte leicht darstellen, da die Kosinus der in f auftretenden Winkel bekannt sind. Es ergibt sich, weil alle drei verbleibenden Kräfte in die Richtung x fallen, nach Gleichung 2) durch Addition

$$
4)\quad \begin{cases} K = R\,[Dx_1 \cdot Dx_2 \cdot f(1,1,1) + Dy_1 \cdot Dy_2 \cdot f(0,0,1) \\ \qquad\qquad + Dz_1 \cdot Dz_2 \cdot f(0,0,1)] \\ \quad = R\,[\cos\alpha_1 \cdot \cos\alpha_2\, f(1,1,1) + (\cos\beta_1 \cos\beta_2 \\ \qquad\qquad + \cos\gamma_1 \cos\gamma_2) f(0,0,1)]\, Ds_1 \cdot Ds_2 . \end{cases}
$$

Bei unserer Wahl des Koordinatensystems ist $\alpha_1 = \vartheta_1$, $\alpha_2 = \vartheta_2$ und wegen

$$\cos\varepsilon = \cos\alpha_1 \cos\alpha_2 + \cos\beta_1 \cos\beta_2 + \cos\gamma_1 \cos\gamma_2$$

folgt

$$
5)\quad \begin{cases} K = R\,[\cos\vartheta_1 \cos\vartheta_2\, f(1,1,1) \\ \qquad\qquad + (\cos\varepsilon - \cos\vartheta_1 \cos\vartheta_2) f(0,0,1)]\, Ds_1 \cdot Ds_2 \\ \quad = R\,[\cos\vartheta_1 \cos\vartheta_2 \cdot (f_1 - f_0) + \cos\varepsilon \cdot f_0]\, Ds_1 \cdot Ds_2 , \end{cases}
$$

wobei noch f_1 für $f(1, 1, 1)$ und f_0 für $f(0, 0, 1)$ geschrieben wurde.

Auf diesem Wege erscheint der etwas verwickelte Bau der Ampèreschen Formel als eine notwendige Folge der Grundvorstellungen.

Freilich sind diese zugrunde liegenden Vorstellungen, vor allem die Annahme, daß die zwischen zwei Stromelementen wirkenden Kräfte in die Verbindungslinie etwa der Mittelpunkte oder der Schwerpunkte dieser Elemente fallen, anfechtbar und vielfach angefochten worden; besonders tief greifend wurden sie in mathematischer Hinsicht 1845 von Hermann Grassmann,[1] in experimenteller 1846 von Wilhelm Weber der Kritik unterworfen.[2] Heute, da die von Ampère festgehaltene Idee der Newtonschen Kraftübertragung auf elektrodynamischem Gebiete aufgegeben ist, haben auch diese bedeutenden Arbeiten nur noch historisches Interesse.

4. Was nun die Zahlenwerte f_0 und f_1 anlangt, so ist deren Feststellung noch weniger gesichert, als der Bau der Formel im ganzen, d. h. vor allem als die Annahme, daß die Kräfte K in der Verbindungslinie r der Stromelemente liegen. Man kann z. B. die Zahlen bestimmen, indem man aus Ampères Beobachtungen die freilich nach obigen Ausführungen nicht einwandfreie Folgerung zieht, daß, während zwei parallele, senkrecht zu ihrem Abstande r gerichtete, von gleichgerichteten Strömen durchflossene Leiterelemente sich anziehen, sich zwei in ein und dieselbe Gerade fallende, von gleichgerichteten Strömen durchflossene Leiterelemente im Abstande r

[1] Pogg. Ann. 64.

[2] Elektrodynamische Maßbestimmungen. Werke Bd. 3.

mit einer Kraft abstoßen, die halb so groß ist, als jene Anziehung. Nach Gleichung 5) ergibt sich K im ersten Falle der parallelen und auf r senkrechten Stromelemente zu

$$R \cdot f_0 \cdot D s_1 \cdot D s_2,$$

im zweiten Falle der ein und derselben Geraden angehörigen Stromelemente zu

$$R \cdot f_1 \cdot D s_1 \cdot D s_2,$$

so daß nach AMPÈRES Beobachtung

6) $$f_1 = -\tfrac{1}{2} f_0, \qquad f_0 = -2 f_1.$$

Damit geht Gleichung 5) über in

7) $$K = \frac{J_1 J_2}{r^2} f_1 [3 \cos \vartheta_1 \cos \vartheta_2 - 2 \cos \varepsilon] D s_1 \cdot D s_2$$

und das ist die eingangs angegebene Formel, in der jetzt nur noch über den Proportionalitätsfakor f_1 Verfügung zu treffen ist.

Er hängt außer von der Längen- und Krafteinheit nur noch von der Einheit, nach der die Stromstärken gemessen werden, ab. Über diese Einheit sind aber durch Einführung der Konstanten c und μ in den Gleichungen 1) S. 5 und 11) S. 10 bereits Verfügungen getroffen. Nach Gleichung 1) S. 5, dem BIOT-SAVARTschen Gesetze, hat das Produkt $J \cdot m$ aus Stromstärke und Polstärke dieselbe Dimension wie das Produkt $K \cdot c \cdot r$ aus Kraft und Länge in die Konstante c. Andrerseits hat nach vorstehender Gleichung 7), dem AMPÈREschen Gesetze, das Quadrat J^2 der Stromstärke die Dimension $K : f_1$ und nach Gleichung 11) S. 10, dem COULOMBschen Gesetze, das Quadrat m^2 der Polstärke die Dimension $K \cdot \mu \cdot r^2$, demgemäß das Produkt $(Jm)^2$ die Dimension $K^2 \cdot \mu \cdot r^2 : f_1$ oder das Produkt Jm die Dimension $K r \sqrt{\mu : f_1}$ besitzt. Der Vergleich zeigt, daß c von derselben Dimension ist wie $\sqrt{\mu : f_1}$, daß also

8) $$f_1 = \frac{\mu}{c^2}$$

gesetzt werden muß, wenn das AMPÈREsche Gesetz für dasselbe Maß der Stromstärke passen soll, wie das BIOT-SAVARTsche. Soll mit andern Worten das elektromagnetische Maß der Stromstärke mit dem elektrodynamischen übereinstimmen, so muß das AMPÈREsche Gesetz geschrieben werden

9) $$K = \frac{\mu}{c^2} \cdot \frac{J_1 J_2}{r^2} [3 \cos \vartheta_1 \cos \vartheta_2 - 2 \cos \varepsilon] D s_1 \cdot D s_2,$$

also wenn, wie in besonderen Fällen schon gerechnet wurde, $c = 1$ und $\mu = 1$ gewählt wird,

9b) $$K = \frac{J_1 J_2}{r^2}[3 \cos \vartheta_1 \cos \vartheta_2 - 2 \cos \varepsilon] D s_1 \cdot D s_2 .$$

Zur Nachprüfung der Beziehung 8) kann auch die auf S. 21 zu Formel 47) gefügte Bemerkung benutzt werden.

5. Unter den mathematischen Folgerungen, die Ampère aus seinem Elementargesetze zieht, heben wir die Berechnungen der Einwirkung eines unendlich langen, geradlinigen Stromes auf ein Stromelement hervor, weil sie zu experimentellen Prüfungen Veranlassung geben.

Der Strom J_1 fließe längs der x-Achse eines rechtwinkligen Koordinatensystems xy und im Punkte $(0 | a)$ desselben befinde sich ein Stromelement $D s_2$, parallel zur x-Achse gelegen und durchflossen vom Strome J_2. Die x-Achse zerlegen wir in Elemente und schreiben zunächst die Kraft hin, die das im Punkte $(x | 0)$ beginnende Element $D x = D s_1$ auf $D s_2$ ausübt. Sie ist bei $c = \mu = 1$

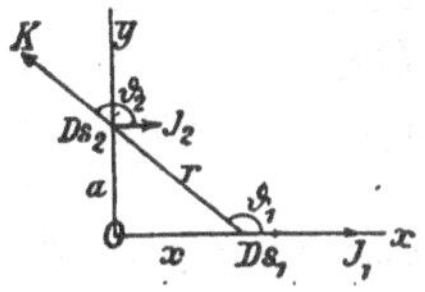

Fig. 14.

10) $$\begin{cases} K = J_1 J_2 \frac{D s_2}{r^2}(3 \cos \vartheta_1 \cdot \cos \vartheta_2 - 2 \cos \varepsilon) D x \\ \qquad = J_1 J_2 \frac{D s_2}{r^2}(3 \cos^2 \vartheta_1 - 2) D x, \end{cases}$$

und da

11) $$r = \frac{a}{\sin \vartheta_1}, \quad x = \frac{-a}{\tan \vartheta_1}, \quad D x = D s_1 = \frac{a D \vartheta_1}{\sin^2 \vartheta_1},$$

so folgt

12) $$K = J_1 J_2 \cdot D s_2 \frac{3 \cos^2 \vartheta_1 - 2}{a} D \vartheta_1 .$$

Die y-Komponente ist $K \sin \vartheta_1 = Y$, während die x-Komponente durch die x-Komponente des zu $D s_1$ bezüglich der y-Achse symmetrisch gelegenen Elements zerstört wird und daher nicht angemerkt zu werden braucht. Für die Gesamtkraft, die der unendlich lange Strom auf $D s_2$ ausübt, ergibt sich also die Summe aller y-Komponenten der von den einzelnen Elementen $D x$ ausgeübten Kräfte,

13) $$\begin{cases} \sum Y = J_1 J_2 \frac{D s_2}{a}\left[\int_0^\pi 3 \cos^2 \vartheta_1 \sin \vartheta_1 \cdot D \vartheta_1 - \int_0^\pi 2 \sin \vartheta_1 \cdot D \vartheta_1\right] \\ \qquad = J_1 J_2 \frac{D s_2}{a}\left[-\int_0^\pi D(\cos^3 \vartheta_1) + 2 \int_0^\pi D(\cos \vartheta_1)\right] \\ \sum Y = -2 J_1 J_2 \frac{D s_2}{a} . \end{cases}$$

Das Element $D s_2$ wird also bei gleichgerichteten Strömen vom unendlich langen Leiter angezogen.

Zur Kontrolle dieses Resultats kann man eine Betrachtung benutzen von der Art, wie sie zu AMPÈRES Zeiten vielfach angestellt wurden, um den Zusammenhang zwischen Magnetismus und Elektrizität klarzustellen. Nach Gleichung 3) S. 7 würde ein unendlich langer Strom, der der x-Achse entlang in der Stärke J_1 fließt, auf einen im Punkte $(0 \mid a)$ befindlichen Magnetpol von der Polstärke m mit einer Kraft $2 J_1 m : a$ wirken, und zwar wäre diese Kraft normal zur xy-Ebene dem Beschauer entgegengerichtet. Somit wird m ebenso beeinflußt, als läge ein Pol von der Stärke $M = 2 J_1 : a$ senkrecht unter m im Abstande 1 von der xy-Ebene. Auf ein Stromelement $D s_2$ aber, das an der Stelle von m sich befindet, wirkt ein solcher Pol M wieder nach dem BIOT-SAVARTschen Gesetze mit der Kraft $J_2 \cdot D s_2 \cdot M$, das ist $2 J_1 J_2 D s_2 : a$ im Sinne der negativen y, — genau das oben gefundene Ergebnis.

6. Anders gestaltet sich die Einwirkung desselben unbegrenzt langen, der x-Achse entlang laufenden Stromes auf dasselbe Stromelement im Abstande a von ihm, wenn dieses senkrecht zu ihm gerichtet ist. Dann ist $\vartheta_2 = \vartheta_1 - 90^0$, und es wird unter Beachtung der Beziehungen 11)

$$14)\quad \begin{cases} K = J_1 J_2 \dfrac{D s_2}{r^2} \{3 \cos \vartheta_1 \cos \vartheta_2 - 2 \cos \varepsilon\} D x \\[2ex] = J_1 J_2 \dfrac{D s_2}{r^2} 3 \cos \vartheta_1 \sin \vartheta_1 \cdot D x \\[2ex] = J_1 J_2 \dfrac{D s_2}{a} 3 \cos \vartheta_1 \sin \vartheta_1 \cdot D \vartheta_1 . \end{cases}$$

Jetzt tilgen sich die y-Komponenten aller dieser K, dagegen liefern die x-Komponenten als Gesamtkraft

$$15)\quad \begin{cases} \sum X = J_1 J_2 \dfrac{D s_2}{a} \displaystyle\int_0^\pi 3 \cos^2 \vartheta_1 \sin \vartheta_1 \, d \vartheta_1 = - J_1 J_2 \dfrac{D s_2}{a} \int_0^\pi D(\cos^3 \vartheta_1) \\[2ex] \sum X = 2 J_1 J_2 \dfrac{D s_2}{a} . \end{cases}$$

Das Element $D s_2$ wird also, wenn die Ströme J_1 und J_2 die Richtungen der positiven x und y besitzen, im Sinne des den unendlich langen Leiter durchfließenden Stromes angetrieben. Hierdurch erklären sich die Bewegungserscheinungen, die eintreten, wenn zwei parallele geradlinige Quecksilberrinnen durch eine auf dem

Quecksilber schwimmende und somit bewegliche Drahtbrücke verbunden werden und ein elektrischer Strom in die eine Rinne ein-, aus der andern austritt, — oder wenn eine kreisförmige Quecksilber-

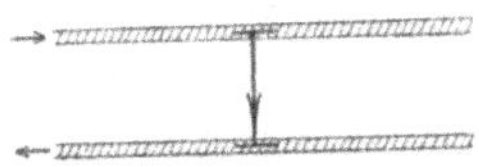

Fig. 15.

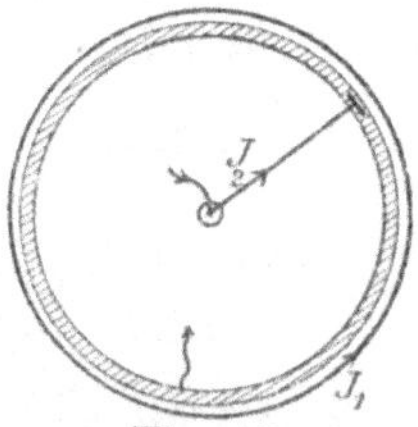

Fig. 16.

rinne durch einen um den Mittelpunkt des Kreises drehbaren elektrisch durchströmten Draht mit diesem verbunden ist, während gleichzeitig ein Strom durch einen der Quecksilberrinne entlang gelegten Draht fließt.

Zweiter Abschnitt.

Wirkung geschlossener Ströme.

1. Bedeutsamer für die weitere Entwickelung der Elektrodynamik als die Behandlung von Einzelerscheinungen, wie sie im vorigen Abschnitt besprochen wurden, erwies sich die Untersuchung der Einwirkung eines geschlossenen Stromes auf ein Stromelement und der Einwirkung eines geschlossenen Stromes auf einen andern. Um diese in Angriff zu nehmen, merken wir uns zunächst einige geometrische Beziehungen vor.

Es sei P_1 ein auf einer gegebenen Raumkurve beweglicher Punkt, so daß seine rechtwinkligen Koordinaten x_1, y_1, z_1 gegebene Funktionen der Bogenlänge s_1 dieser Raumkurve sind. Ebenso sei P_2 auf einer zweiten Raumkurve beweglich, x_2, y_2, z_2 seien Funktionen der Bogenlänge s_2. Da der Abstand $P_1 P_2 = r$ gegeben ist durch

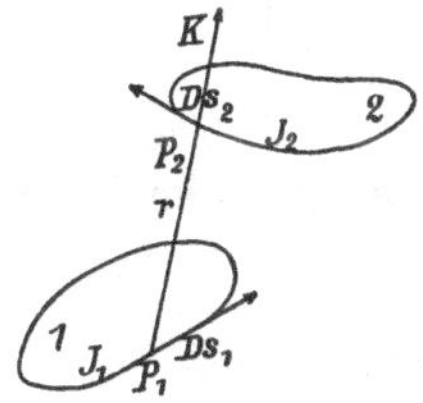

Fig. 17.

16) $$r^2 = (x_2 - x_1)^2 + (y_2 - y_1)^2 + (z_2 - z_1)^2,$$

so folgt

17) $$r\frac{\partial r}{\partial s_1} = -(x_2 - x_1)\frac{\partial x_1}{\partial s_1} - (y_2 - y_1)\frac{\partial y_1}{\partial s_1} - (z_2 - z_1)\frac{\partial z_1}{\partial s_1},$$

18) $$r\frac{\partial r}{\partial s_2} = (x_2 - x_1)\frac{\partial x_2}{\partial s_2} + (y_2 - y_1)\frac{\partial y_2}{\partial s_2} + (z_2 - z_1)\frac{\partial z_2}{\partial s_2}.$$

Nun stellen aber $(x_2 - x_1):r$, $(y_2 - y_1):r$, $(z_2 - z_1):r$ die Richtungskosinus der Strecke $P_1 P_2$ und die Differentialquotienten auf den rechten Seiten vorstehender Gleichungen die Richtungskosinus der Bogenelemente $D s_1$ und $D s_2$ vor; führt man also wieder die Winkel ϑ_1 und ϑ_2 ein, die $P_1 P_2 = r$ mit $D s_1$ und $D s_2$ bildet, so hat man

$$19)\qquad \frac{\partial r}{\partial s_1} = -\cos\vartheta_1, \qquad \frac{\partial r}{\partial s_2} = \cos\vartheta_2 .$$

Auch folgt durch nochmalige Differentiation einer der Gleichungen 17) oder 18) bei Einführung des Winkels ε zwischen $D s_1$ und $D s_2$

$$20)\qquad \begin{cases} \dfrac{\partial}{\partial s_1}\left(r\dfrac{\partial r}{\partial s_2}\right) = -\dfrac{\partial x_1}{\partial s_1}\dfrac{\partial x_2}{\partial s_2} - \dfrac{\partial y_1}{\partial s_1}\dfrac{\partial y_2}{\partial s_2} - \dfrac{\partial z_1}{\partial s_1}\dfrac{\partial z_2}{\partial s_2} \\ \qquad = \dfrac{\partial}{\partial s_2}\left(r\dfrac{\partial r}{\partial s_1}\right) = -\cos\varepsilon . \end{cases}$$

Demgemäß kann die AMPÈREsche Formel auch in folgenden Gestalten geschrieben werden:

$$21)\qquad \begin{cases} \dfrac{c^2}{\mu}\cdot K = \dfrac{J_1 J_2 \cdot D s_1 \cdot D s_2}{r^2}\left[-3\dfrac{\partial r}{\partial s_1}\cdot\dfrac{\partial r}{\partial s_2} + 2\dfrac{\partial}{\partial s_2}\left(r\dfrac{\partial r}{\partial s_1}\right)\right] \\ \qquad = \dfrac{J_1 J_2 \cdot D s_1 \cdot D s_2}{r^2}\left[-\dfrac{\partial r}{\partial s_1}\cdot\dfrac{\partial r}{\partial s_2} + 2r\dfrac{\partial^2 r}{\partial s_1\cdot\partial s_2}\right] \\ \qquad = J_1 J_2 \cdot D s_1 \cdot D s_2 \dfrac{4}{\sqrt{r}}\dfrac{\partial^2\sqrt{r}}{\partial s_1\cdot\partial s_2} . \end{cases}$$

Da diese Kraft bei positivem Vorzeichen eine Abstoßung darstellt, so läßt sich die x-Komponente der von $D s_2$ auf $D s_1$ ausgeübten Kraft in den folgenden Formen schreiben:

$$22)\qquad \begin{cases} \dfrac{c^2}{\mu}\cdot X_1^{(2)} = -J_1 J_2 \cdot D s_1 \cdot D s_2\left[-\dfrac{\partial r}{\partial s_1}\cdot\dfrac{\partial r}{\partial s_2} + 2r\dfrac{\partial^2 r}{\partial s_1\cdot\partial s_2}\right]\dfrac{x_2 - x_1}{r^3} \\ \qquad = -J_1 J_2 \cdot D s_1 \cdot D s_2\left[-2\dfrac{\partial r}{\partial s_1}\cdot\dfrac{\partial r}{\partial s_2} + r\dfrac{\partial^2 r}{\partial s_1\cdot\partial s_2}\right. \\ \qquad\qquad \left. + \dfrac{\partial}{\partial s_2}\left(r\dfrac{\partial r}{\partial s_1}\right)\right]\dfrac{x_2 - x_1}{r^3} . \end{cases}$$

Wegen der identischen Gleichung

$$23)\qquad \begin{cases} \dfrac{\partial}{\partial s_2}\left[\dfrac{x_2 - x_1}{r^2}\cdot\dfrac{\partial r}{\partial s_1}\right] = r\dfrac{\partial^2 r}{\partial s_1\cdot\partial s_2}\dfrac{x_2 - x_1}{r^3} + \dfrac{1}{r^2}\dfrac{\partial r}{\partial s_1}\dfrac{\partial x_2}{\partial s_2} \\ \qquad - \dfrac{2(x_2 - x_1)}{r^3}\dfrac{\partial r}{\partial s_1}\dfrac{\partial r}{\partial s_2} \end{cases}$$

folgt

$$24)\qquad \begin{cases} \dfrac{c^2}{\mu}\cdot X_1^{(2)} = -J_1 J_2 \cdot D s_1 \cdot D s_2\left[\dfrac{\partial}{\partial s_2}\left(\dfrac{x_2 - x_1}{r^2}\dfrac{\partial r}{\partial s_1}\right) - \dfrac{1}{r^2}\dfrac{\partial r}{\partial s_1}\dfrac{\partial x_2}{\partial s_2}\right. \\ \qquad \left. + \dfrac{\partial}{\partial s_2}\left(r\dfrac{\partial r}{\partial s_1}\right)\right]\dfrac{x_2 - x_1}{r^3} , \end{cases}$$

oder mit Rücksicht auf die Gleichungen 19) und 20), wenn noch die Richtungswinkel von Ds_1 mit $\alpha_1, \beta_1, \gamma_1$, die von Ds_2 mit $\alpha_2, \beta_2, \gamma_2$ bezeichnet werden,

$$25)\quad \left\{\begin{aligned} \frac{c^2}{\mu}\cdot X_1^{(2)} = - J_1 J_2\cdot Ds_1\cdot Ds_2 \Big[- \frac{\partial}{\partial s_2}\left(\frac{x_2 - x_1}{r^2}\cos\vartheta_1\right) \\ + \frac{1}{r^2}\cos\vartheta_1\cos\alpha_2 - \cos\varepsilon\cdot\frac{x_2 - x_1}{r^3}\Big] \end{aligned}\right.$$

oder auch

$$26)\quad \left\{\begin{aligned} \frac{c^2}{\mu}\cdot X_1^{(2)} = J_1 J_2\cdot Ds_1\cdot Ds_2 \frac{\partial}{\partial s_2}\left(\frac{x_2 - x_1}{r^2}\cos\vartheta_1\right) \\ - J_1 J_2\cdot Ds_1\cdot Ds_2 \left\{\frac{\partial\frac{1}{r}}{\partial s_1}\cos\alpha_2 - \frac{\partial\frac{1}{r}}{\partial x_1}\cos\varepsilon\right\}. \end{aligned}\right.$$

Neben dieser Umformung ist für die späteren Rechnungen noch die folgende anzumerken, die aus 25) folgt

$$27)\quad \left\{\begin{aligned} \frac{c^2}{\mu}\cdot X_1^{(2)} = J_1 J_2\cdot Ds_1\cdot Ds_2\cdot\frac{\partial}{\partial s_2}\left(\frac{x_2 - x_1}{r^2}\cos\vartheta_1\right) \\ - J_1 J_2\cdot Ds_1\cdot Ds_2\cdot\frac{\cos\alpha_2}{r^3}[(x_2 - x_1)\cos\alpha_1 + (y_2 - y_1)\cos\beta_1 \\ + (z_2 - z_1)\cos\gamma_1] \\ + J_1 J_2\cdot Ds_1\cdot Ds_2\cdot\frac{x_2 - x_1}{r^3}[\cos\alpha_2\cos\alpha_1 + \cos\beta_2\cos\beta_1 \\ + \cos\gamma_1\cos\gamma_2], \end{aligned}\right.$$

$$28)\quad \left\{\begin{aligned} \frac{c^2}{\mu}\cdot X_1^{(2)} = J_1 J_2\cdot Ds_1\cdot Ds_2\cdot\frac{\partial}{\partial s_2}\left(\frac{x_2 - x_1}{r^2}\cos\vartheta_1\right) \\ + J_1 J_2\cdot Ds_1\cdot Ds_2 \left\{\left(\frac{x_2 - x_1}{r^3}\cos\gamma_2 - \frac{z_2 - z_1}{r^3}\cos\alpha_2\right)\cos\gamma_1 \right. \\ \left. - \left(\frac{y_2 - y_1}{r^3}\cos\alpha_2 - \frac{x_2 - x_1}{r^3}\cos\beta_2\right)\cos\beta_1\right\}. \end{aligned}\right.$$

Bedenkt man noch, daß

$$29)\quad Ds_2\cdot\cos\alpha_2 = Dx_2,\quad Ds_2\cdot\cos\beta_2 = Dy_2,\quad Ds_2\cdot\cos\gamma_2 = Dz_2$$

die Komponenten des Bogenelements Ds_2 darstellen, so erkennt man, daß hier Ausdrücke hervortreten, die bereits in Gleichung 21) S. 12 uns beschäftigt haben. Wir setzen

$$30)\quad \left\{\begin{aligned} c\cdot\Xi_1^{(2)} &= -\frac{z_2 - z_1}{r^3}Dy_2 + \frac{y_2 - y_1}{r^3}Dz_2 = \frac{\partial\frac{1}{r}}{\partial z_2}Dy_2 - \frac{\partial\frac{1}{r}}{\partial y_2}Dz_2 \\ c\cdot\mathrm{H}_1^{(2)} &= -\frac{x_2 - x_1}{r^3}Dz_2 + \frac{z_2 - z_1}{r^3}Dx_2 = \frac{\partial\frac{1}{r}}{\partial x_2}Dz_2 - \frac{\partial\frac{1}{r}}{\partial z_2}Dx_2 \\ c\cdot\mathrm{Z}_1^{(2)} &= -\frac{y_2 - y_1}{r^3}Dx_2 + \frac{x_2 - x_1}{r^3}Dy_2 = \frac{\partial\frac{1}{r}}{\partial y_2}Dx_2 - \frac{\partial\frac{1}{r}}{\partial x_2}Dy_2 \end{aligned}\right.$$

und erhalten dadurch aus 28)

$$31)\quad \left\{\begin{aligned} \frac{c}{\mu}\cdot X_1^{(2)} &= J_1 J_2\cdot D s_1\cdot D s_2 \frac{\partial}{\partial s_2}\left(\frac{x_2-x_1}{c\cdot r^2}\cos\vartheta_1\right) \\ &\quad - J_1 J_2 D s_1 \left\{\mathsf{H}_1^{(2)}\cos\gamma_1 - \mathsf{Z}_1^{(2)}\cos\beta_1\right\}, \end{aligned}\right.$$

wobei Ξ, H, Z die Komponenten der Kraft darstellen, die der Strom 1 am Orte von $D s_2$ auf einen Magnetpol 1 am Orte von $D s_1$ ausüben würde. Beim Vergleich der Gleichungen 30) mit den Gleichungen 21) S. 12 ist zu beachten, daß die Differentialquotienten von r nach x_1, y_1, z_1 entgegengesetzt gleich denen nach x_2, y_2, z_2 sind.

2. Die gewonnenen Umformungen sind geeignet, nunmehr die Wirkung eines geschlossenen Stromes s_2 auf ein Stromelement $D s_1$ zu ermitteln. Da man die x-Komponente dieser Wirkung durch Addition aller, den verschiedenen $D s_2$ entsprechenden Werte $X_1^{(2)}$ findet, also durch Integration nach s_2 über eine geschlossene Kurve, so liefert das erste Glied der rechten Seite in den Gleichungen 24) bis 28) sowie 31) den Beitrag Null zur x-Komponente der Gesamtwirkung, vorausgesetzt, daß alle Elemente $D s_2$ von der gleichen Stromstärke J_2 durchflossen sind oder der Strom J_2 gleichförmig ist. Man erhält aus Gleichung 26)

$$32)\quad \frac{c^2}{\mu}\cdot\sum_2 X_1^{(2)} = J_1 J_2\cdot D s_1\cdot\int\limits_{(2)}\left(\frac{\partial\frac{1}{r}}{\partial x_1}\cos\varepsilon - \frac{\partial\frac{1}{r}}{\partial s_1}\cos\alpha_2\right) D s_2$$

oder auch aus Gleichung 31)

$$33)\quad \left\{\begin{aligned} \frac{c}{\mu}\cdot\sum_{(2)} X_1^{(2)} &= -J_1 J_2\cdot D s_1\left\{\cos\gamma_1\sum_{(2)}\mathsf{H}_1^{(2)} - \cos\beta_1\sum_{(2)}\mathsf{Z}_1^{(2)}\right\} \\ &= -J_1 J_2\left\{D z_1\cdot\sum_{(2)}\mathsf{H}_1^{(2)} - D y_1\cdot\sum_{(2)}\mathsf{Z}_1^{(2)}\right\}. \end{aligned}\right.$$

Die rechts auftretenden Komponenten der von einem durch den Draht s_2 in der Stärke 1 fließenden Strom auf einen am Orte von $D s_1$ liegenden Magnetpol von der Stärke 1 ausgeübten Kraft lassen sich unter Berücksichtigung der Gleichungen 44) S. 20 und 46) S. 21 noch durch ein Flächenintegral darstellen, das über alle Elemente $D F_2$ einer von s_2 berandeten, sonst beliebig zu wählenden Fläche zu erstrecken ist. Setzt man nämlich

$$34)\quad \int\limits_{F_2}\frac{\cos(r\,n)}{r^2}\cdot D F_2 = \int\limits_{F_2}\frac{\partial}{\partial n_2}\left(\frac{1}{r}\right)\cdot D F_2 = \Phi_1^{(2)},$$

so wird nach Gleichung 40) S. 18 durch eine Rechnung, die der auf S. 19 entspricht, gefunden

$$35)\quad c\cdot\sum_{(2)}\Xi_1^{(2)} = +\frac{\partial\,\Phi_1^{(2)}}{\partial x_2},\quad c\cdot\sum \mathrm{H}_1^{(2)} = +\frac{\partial\,\Phi_1^{(2)}}{\partial y_2},\quad c\cdot\sum \mathrm{Z}_1^{(2)} = +\frac{\partial\,\Phi_1^{(2)}}{\partial z_2},$$

und damit geht 33) über in

$$36)\qquad \frac{c^2}{\mu}\cdot\sum_{(2)} X_1^{(2)} = J_1\,J_2\left\{\frac{\partial\,\Phi_1^{(2)}}{\partial y_1}\,D\,z_1 - \frac{\partial\,\Phi_1^{(2)}}{\partial z_1}\,D\,y_1\right\}.$$

Ampère hat bereits die Größen $\sum\Xi_1^{(2)}$, $\sum\mathrm{H}_1^{(2)}$, $\sum\mathrm{Z}_1^{(2)}$ als Komponenten einer Strecke betrachtet, die er die Direktrix des von der Stromeinheit durchflossenen Leiters s_2 im Punkte 1 nennt und die wir heute als die Intensität des Magnetfeldes bezeichnen, das der von der Stromeinheit durchflossene Leiter s_2 im Orte von $D\,s_1$ erzeugt.

3. Endlich gelangen wir durch nochmalige Integration, nämlich jetzt über den Stromkreis s_1 zur Wirkung zweier gleichförmiger geschlossener Ströme aufeinander. Die Gleichung 32) allerdings gestattet zunächst keine Vereinfachung bei dieser Integration; wir stellen also hier nur für spätere Verwendung fest, daß

$$37)\qquad \frac{c^2}{\mu}\sum_{(1)}\sum_{(2)} X_1^{(2)} = J_1\,J_2\int\limits_{(1)} D\,s_1\int\limits_{(2)} D\,s_2\left\{\frac{\partial\frac{1}{r}}{\partial x_1}\cos\varepsilon - \frac{\partial\frac{1}{r}}{\partial s_1}\cos\alpha_2\right\}.$$

Dagegen führt Gleichung 36) zu einer sehr beachtenswerten Vereinfachung, weil in der Gleichung

$$38)\qquad \frac{c^2}{\mu}\cdot\sum_{(1)}\sum_{(2)} X_1^{(2)} = J_1\,J_2\int\limits_{(1)}\left\{\frac{\partial\,\Phi_1^{(2)}}{\partial y_1}\cdot D\,z_1 - \frac{\partial\,\Phi_1^{(2)}}{\partial z_1}\cdot D\,y_1\right\}$$

die Integration über den Stromkreis s_1 zufolge des Stokesschen Satzes wieder durch ein Flächenintegral dargestellt werden kann, das über alle Elemente $D\,F_1$ einer von s_1 berandeten Fläche zu erstrecken ist. Vergleicht man nämlich die Gleichungen 30) mit 38) und erinnert sich, wie jene in 35) übergeführt wurden, so ergibt die Parallele, daß sich die Gleichung 38) und die ihr entsprechenden überführen lassen in

$$39)\quad \left\{\begin{aligned} &\frac{c^2}{\mu}\sum_{(1)}\sum_{(2)} X_1^{(2)} = +J_1\,J_2\frac{\partial\,\Psi}{\partial x_1},\qquad \frac{c^2}{\mu}\sum_{(1)}\sum_{(2)} Y_1^{(2)} = +J_1\,J_2\frac{\partial\,\Psi}{\partial y_1},\\ &\qquad\qquad \frac{c^2}{\mu}\sum_{(1)}\sum_{(2)} Z_1^{(2)} = +J_1\,J_2\frac{\partial\,\Psi}{\partial z_1},\end{aligned}\right.$$

wenn

$$40)\qquad \Psi = -\int\limits_{F_1} \frac{\partial \Phi_1^{(2)}}{\partial n_1} \cdot D F_1 = -\iint\limits_{F_1 F_2} \frac{\partial^2 \frac{1}{r}}{\partial n_1 \partial n_2} \cdot D F_1 \cdot D F_2$$

gesetzt wird.

4. Hiermit ist gezeigt, daß, auch wenn es sich darum handelt, die Wirkung eines geschlossenen Stromes auf einen andern zu bestimmen, jeder Strom durch eine magnetische Doppelschicht ersetzt werden kann, ebenso wie bei der Ermittelung der Wirkung des Stromes auf einen Magnetpol. Das Flächenelement einer vom Stromkreis berandeten, im übrigen beliebig wählbaren Fläche muß nämlich auf der Seite, von der aus gesehen der Strom im Uhrzeigersinne läuft, mit Südmagnetismus, auf der andern mit Nordmagnetismus bedeckt werden, dergestalt, daß das so entstehende magnetische Moment des Flächenelements DF gleich $\frac{\mu}{c} \cdot J \cdot DF$ ist (vgl. Gleichung 47) S. 21). Denn dann wird $\mu \sum\sum X$ bestimmt, wie die x-Komponente einer zwischen zwei Magneten wirkenden Kraft nach Gleichung 12) auf S. 10 bzw. die x-Komponente der zwischen zwei magnetischen Doppelschichten wirkenden Kraft mit Rücksicht auf die Gleichungen 45) und 46) S. 21 bestimmt wird.

Diese Erkenntnis setzte Ampère in den Stand, seine Theorie des Magnetismus ebenso wie seine Behandlung der Solenoide durchzuführen. Es war hinsichtlich aller damals bekannten Wirkungen gleichgültig, ob man sich jede Molekel eines magnetisierten Körpers als kleinen Magneten dachte, oder ob man sie sich von einem elektrischen Strome umflossen vorstellte; — und zwei Solenoide wirken aufeinander, wie wenn in dem Anfangs- und in dem Endpunkte eines jeden entgegengesetzte Magnetismen vorhanden wären.

5. Besonders für den späteren Gedankenfortschritt beachtenswert ist endlich noch folgende Bemerkung, die sich durch alle diese Erkenntnisse jedem aufdrängen mußte. Durch einen Magnetpol ist für jeden Punkt P des umgebenden Raumes bestimmt, welche Kraft dort in P wirken würde, wenn sich ein Magnetpol, etwa von der Stärke 1, da befände; nicht minder bestimmt ein Polpaar, das ist ein Magnet, oder ein Strom, das ist eine magnetische Doppelschicht, für jeden Punkt P des umgebenden Raumes, welche Kraft ein etwa dort befindlicher Magnetpol erfahren würde. Aber auch wenn an Stelle des Pols in P ein kleiner Magnet oder ein Strom von kleiner Stromfläche auftreten würde, wäre die dann eintretende Wirkung bestimmt, nämlich durch die Änderung, die jene Kraft in P erfährt, wenn man von P in Richtung der Achse jenes kleinen Magneten oder der Normalen jenes Stromes zu einem Nachbarpunkte fortschreitet. Ja selbst, wie ein unmagnetisches Stück Eisen in P magnetisiert würde, ist durch jene Kraft bestimmt. Die in P eventuell ausgeübte magnetische Kraft hat also eine weitergehende Bedeutung, hat Bedeutung auch, wenn in P kein eigentlicher Magnetpol vorhanden ist. Eine derartige eventuelle Kraft hat AMPÈRE schon benutzt, als er seine Direktrix des Stromes einführte (vgl. S. 35).

So erwächst die Idee, sich die Kraft von der Existenz des Poles, auf den sie wirkt, losgelöst zu denken, mit Hilfe eines auch in andern Fällen das eintretende Ereignis bestimmenden Vektors, der magnetische Feldintensität heißen soll. Diese Feldstärke möge, wenn ein einziger Punkt von der Polstärke m vorhanden ist, im Punkte P die Größe

41) $$\mathfrak{M} = \frac{m}{\mu r^2}$$

besitzen und wird als eine Strecke in der Richtung des von m nach P laufenden Abstandes r über P hinaus vorzustellen sein. Ganz entsprechend erzeugt ein elektrischer Punkt von der Ladung e im Punkte P die elektrische Feldstärke

42) $$\mathfrak{E} = \frac{e}{\varepsilon r^2},$$

gerichtet in der Verlängerung der Linie r, die von e nach P läuft, über P hinaus. Diese Art, sich die magnetischen und elektrischen Wirkungen mittels einer durch Magnetpole und elektrische Ströme bzw. durch elektrische Ladungen verursachten Prädisposition des Raumes für sie vorzustellen, wurde völlig herrschend, als es gelang, eine neue physikalische Tatsache mit Hilfe desselben Vektors $\mathfrak{M}$ quantitativ zu beschreiben, die elektrische Induktion.

Dritter Abschnitt.

Die Potentialfunktion.

1. Die in den Feldstärken zum Ausdrucke gebrachten, von der NEWTONschen Kraftvorstellung sich abwendende neue Auffassungsweise der physikalischen Wirkungen ist am stärksten gefördert worden durch die Einführung der Potentialfunktion. Wie man die drei Komponenten der im Punkte P wirkenden Kraft geometrisch durch einen einzigen Vektor darstellen kann, so kann man auch analytisch sie aus einer einzigen Funktion ableiten, die zuerst 1828 von GEORGE GREEN[1] (geb. 1793 zu Nottingham, gest. 1841 zu Sneinton) studiert und dann von HAMILTON benutzt wurde, aber erst 1840 durch GAUSS zu allgemeiner Beachtung gelangte. Auf S. 10 ist diese Funktion bereits vorgekommen, indem dort in den Gleichungen 12) angegeben wurde, daß die Komponenten der vom Magnetpol m_1 auf den Magnetpol m_2 ausgeübten Kraft den Differentialquotienten der Funktion

43) $$P_{mm} = \frac{m_1 \cdot m_2}{\mu \cdot r}$$

nach den Koordinaten des Punktes m_2 entgegengesetzt gleich sind. Man nennt heute diese Funktion das Potential, das m_1 auf m_2 ausübt, und

44) $$\frac{m_1}{\mu \cdot r}$$

heißt die von m_1 im Orte $(x_2 \mid y_2 \mid z_2)$ des Poles m_2 erzeugte magnetische Potentialfunktion.

Ganz Entsprechendes gilt für die zwischen elektrischen Ladungen e_1 und e_2 wirkenden Kräfte, sowie für die Gravitationskräfte, die ponderable Massen aufeinander ausüben. Nur ist zu beachten, daß das Vorzeichen des Potentials der Gravitation negativ ist, da sie als Anziehung auftritt, während zwischen gleichnamigen elektrischen Ladungen oder zwischen gleichnamigen magnetischen Polen Abstoßung wirkt.

2. Das Potential Q, das ein Magnetpol m' auf ein beliebiges System von Magnetpolen m ausübt, die sich in den Orten $(x \mid y \mid z)$ befinden, ist einer bemerkenswerten Umgestaltung fähig, wenn die Orte $(x \mid y \mid z)$ so nahe an einem Punkte, dem Koordinatenanfang, liegen, daß man höhere Potenzen von x, y, z bei der Entwickelung des reziproken Abstands r der Punkte m von m' vernachlässigen darf. Es ist dann

45) $$\left\{\begin{aligned} \mu \cdot Q = m' \sum \frac{m}{r} = m' \Big\{ & \frac{1}{r_0} \sum m - \frac{\partial}{\partial x'}\left(\frac{1}{r_0}\right) \cdot \sum m x \\ & - \frac{\partial}{\partial y'}\left(\frac{1}{r_0}\right) \cdot \sum m y - \frac{\partial}{\partial z'}\left(\frac{1}{r_0}\right) \cdot \sum m z \Big\}, \end{aligned}\right.$$

wenn r_0 den Abstand des Poles m' vom Koordinatenanfang be-

[1] OSTWALDS Klassiker Nr. 61, herausgegeben von v. OETTINGEN und WANGERIN.

zeichnet und davon Gebrauch gemacht wird, daß die Differentialquotienten jedes r nach x und nach x' entgegengesetzt gleich sind.

Nun sei das System der Pole m eine sogenannte magnetische Molekel, d. h. es sei

46a) $$\sum m = 0,$$

und

46b) $$\sum m x = \alpha, \quad \sum m y = \beta, \quad \sum m z = \gamma$$

seien die Komponenten eines Vektors, der das magnetische Moment der Molekel heißt. Dann wird

47) $$\mu Q = - m' \left\{ \alpha \frac{\partial}{\partial x'} \left(\frac{1}{r_0} \right) + \beta \frac{\partial}{\partial y'} \left(\frac{1}{r_0} \right) + \gamma \frac{\partial}{\partial z'} \left(\frac{1}{r_0} \right) \right\}.$$

Da nun aber $m' : \mu r_0$ die magnetische Potentialfunktion darstellt, mit der ein Pol m' in $(x' \mid y' \mid z')$ auf den Pol 1 im Koordinatenanfang einwirkt, und

48) $$X' = - \frac{\partial}{\partial x'} \left(\frac{m'}{\mu r_0} \right), \quad Y' = - \frac{\partial}{\partial y'} \left(\frac{m'}{\mu r_0} \right), \quad Z' = - \frac{\partial}{\partial z'} \left(\frac{m'}{\mu r_0} \right)$$

die Komponenten der Kraft angeben, die dieser Pol auf jenen ausübt, so ist

49) $$Q = \alpha X' + \beta Y' + \gamma Z' = - [\alpha X + \beta Y + \gamma Z].$$

Hierbei stellen X, Y, Z die Komponenten der vom Pol m' auf den Pol 1 ausgeübten Kraft dar und sind entgegengesetzt gleich zu X', Y', Z'.

Setzt man in die Gleichung 49) für X, Y, Z die in den Gleichungen 21) S. 12 gefundenen Werte X_m, Y_m, Z_m ein, wobei $m = 1$ zu setzen, so findet man das Potential eines Stromelements Ds in $(x \mid y \mid z)$ auf eine magnetische Molekel im Punkte $(0 \mid 0 \mid 0)$:

49b) $$\begin{cases} Q = \frac{J}{c} \left\{ \left[\frac{\partial}{\partial z} \left(\frac{\beta}{r} \right) - \frac{\partial}{\partial y} \left(\frac{\gamma}{r} \right) \right] Dx + \left[\frac{\partial}{\partial x} \left(\frac{\gamma}{r} \right) - \frac{\partial}{\partial z} \left(\frac{\alpha}{r} \right) \right] Dy \right. \\ \qquad \left. + \left[\frac{\partial}{\partial y} \left(\frac{\alpha}{r} \right) - \frac{\partial}{\partial x} \left(\frac{\beta}{r} \right) \right] Dz \right\}. \end{cases}$$

3. Wie nun mit Hilfe der Potentialfunktion nicht nur analytisch die Kraft in jedem Punkte des Raumes gegeben ist, sondern auch mittels der Flächen konstanten Potentials diese Kraft geometrisch darstellbar ist, — das muß hier als aus der Potentialtheorie bekannt vorausgesetzt werden.

Dagegen bedarf es an dieser Stelle des Hinweises darauf, daß auch die von OERSTED und AMPÈRE entdeckten Naturkräfte, soweit es sich bei ihnen um geschlossene und unveränderliche Ströme handelt, ein Potential besitzen. FRANZ ERNST NEUMANN hat 1845 diese Funktionen angegeben und gezeigt, wie man mit ihnen dieselben analytischen Vorteile für die Behandlung elektrodynamischer Vorgänge gewinnen kann, wie sie die GREEN-GAUSSsche Potentialfunktion für die Untersuchung der Gravitation, des Magnetismus und der elektrostatischen Kräfte bietet. Ja, die Potentialfunktion eines unendlich kleinen Stromes von der Stromfläche f und der Stromstärke J stimmt sogar völlig überein mit der eines unendlich kleinen Magneten, der sich an demselben Orte befindet, das magnetische Moment $\frac{\mu}{c} \cdot Jf$ besitzt und dessen magnetische Achse dieselbe Richtung hat, wie die positive Normale der Stromfläche f. Es ist nämlich das Potential, das jener kleine Strom auf einen Magnetpol von der Polstärke m im Abstande r ausübt, nach Gleichung 44) S. 20 gleich

$$50) \qquad \frac{m \cdot J \cdot f}{c} \frac{\cos(r\,n)}{r^2}.$$

Dieser damals analytisch hergeleitete Ausdruck hat eine einfache geometrische Bedeutung, auf die erst FRANZ NEUMANN aufmerksam gemacht hat. Projiziert man die Stromfläche f aus dem Punkte, in dem sich der beeinflußte Magnetpol m befindet, auf eine um diesen beschriebene Kugel vom Radius 1, so erhält man eine sphärische Figur von der Fläche φ, die man die Kegelöffnung der Fläche f im Punkte m nennen kann. Offenbar ist aus geometrischen Gründen

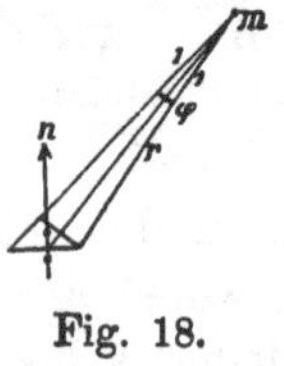

Fig. 18.

$$51) \qquad \varphi = f \cdot \frac{\cos(r, n)}{r^2},$$

also ist das magnetische Potential des Stromes J im Punkte m gleich

$$52) \qquad \frac{1}{c} m\, J \cdot \varphi .$$

Damit im Falle einer auf der Kugelfläche selbst gelegenen kleinen Stromfläche f auch dem Vorzeichen nach $\varphi = f$ wird, muß man als Richtung von r die von der Stromfläche nach dem Magnetpol m hinzeigende wählen.

Der Ausdruck 50) kann auch unter Benutzung der Komponenten $\mathfrak{M}_x$, $\mathfrak{M}_y$, $\mathfrak{M}_z$ der magnetischen Feldstärke

$$\mathfrak{M} = \frac{m}{\mu r^2},$$

die der Pol m am Orte von f ausübt, geschrieben werden

53) $$-\frac{\mu}{c} \cdot J f \cdot \mathfrak{M} \cos(r\,n) = -\frac{\mu}{c} \cdot J f \cdot \mathfrak{M}_n,$$

wobei das Vorzeichen — auftritt, weil die von m auf f ausgeübte Feldstärke entgegengesetzt zu der Richtung von r liegt, die in den Gleichungen 44) S. 20 und daher in obiger Gleichung 50) positiv gerechnet wurde.

4. Jetzt ist der Übergang vom unendlich kleinen Strome f zu einem beliebigen geschlossenen Strome F ohne Schwierigkeit zu vollziehen. Um die Wirkung eines geschlossenen Stromes von der Stromstärke J, der die Fläche F umkreist, auf einen Magnetpol m zu finden, bedarf es nach 51) der Bildung eines Integrals,

54) $$\Phi = \int_F \frac{\cos(r\,n)}{r^2} \cdot D\,F,$$

das über alle Flächenelemente $f = D\,F$ der Fläche F zu erstrecken ist und dessen geometrische Bedeutung die ist, daß es die Fläche Φ der sphärischen Figur darstellt, die man erhält, wenn man die Fläche F auf eine um m mit dem Radius 1 beschriebene Kugel aus deren Mittelpunkt projiziert. Daß

55) $$\frac{1}{c} m\,J\,\Phi$$

das Potential ist, das der Strom J im Punkte m ausübt, sieht man sogleich ein, wenn man F in unendlich kleine Stromflächen $f = D\,F$ zerlegt und diese aus m projiziert. Die Komponenten der von F auf m ausgeübten Kraft sind den Differentialquotienten der Funktion $m\,J\,\Phi : c$ nach den Koordinaten von m entgegengesetzt gleich, wie das die Gleichungen 44) S. 20 lehren.

5. Eine analytische Eigenschaft der Funktion Φ verdient jetzt besondere Beachtung. Man denke sich die Fläche F zunächst von einer ebenen Kurve berandet, längs welcher der Strom J fließt; diese Kurve J sei von einer zweiten geschlossenen Kurve M durchschlungen, wie ein Kettenglied das Nachbarglied umschlingt. Die Kurve M durchsetzt also die berandete ebene Fläche F,

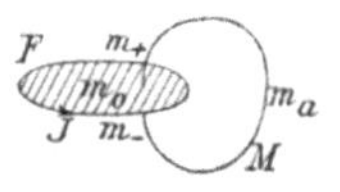

Fig. 19.

etwa im Punkte m_0, dem die Punkte m_+ und m_- unendlich nahe liegen mögen, m_+ auf der Seite, nach welcher die Linke eines die Fläche F im Sinne von J Umschwimmenden zeigt, m_- auf der entgegengesetzten Seite. Die Kurve durchsetzt überdies die Ebene, in der das Flächenstück F liegt, mindestens noch ein zweites Mal außerhalb dieses Flächenstückes, m_a sei der Durchstoßpunkt. Wir bilden nun das Integral 54) für die verschiedenen Punkte der Kurve M, d. h. wir projizieren F aus jedem dieser Punkte auf eine um ihn beschriebene Kugel vom Radius 1. Auf der Seite von M, auf der m_+ liegt, sind alle Glieder des Integrals Φ positiv, auf der entgegengesetzten Seite negativ, weil dies für die Kosinus unter dem Integralzeichen zutrifft. Aus der geometrischen Anschauung ergibt sich ferner, daß Φ im Punkte m_a den Wert Null hat, und daß mit Annäherung des Bezugspunktes an m_0 sich Φ dem absoluten Werte nach dem Betrage 2π, der Halbkugelfläche, nähert. Somit erkennt man, daß die Funktion Φ beim Übergange von m_- zu m_+ ihren Wert um $+4\pi$ ändert.

Betrachtet man Φ als Potentialfunktion einer auf der Fläche F ausgebreiteten magnetischen Doppelschicht, so ist Φ überall, wo r nicht verschwindet, also außerhalb F stetig; dagegen muß Φ an der Fläche F unstetig sein und beim Durchgang durch diese den Sprung $+4\pi$ erleiden, wenn der Durchgang von der negativen zur positiven Seite erfolgt. Auch ist diese Eigenschaft der Funktion Φ von der Größe der Fläche F unabhängig, bleibt für ein beliebig kleines Stück f der Fläche F, in dem m_0 liegt, während sich m_a außerhalb f befindet, bestehen und überträgt sich daher in leicht ersichtlicher Weise auch auf den Fall, daß die Berandung von F nicht mehr, wie bisher angenommen, eine ebene Kurve ist.

Bemerkenswert ist noch, daß die magnetischen Kraftlinien der magnetisiert gedachten Fläche F, die doch, wie aus der Lehre vom Magnetismus als bekannt vorausgesetzt werden kann, sämtlich vom Nordpol ausgehen und von diesem zum Südpol hinführen, den Verlauf zeigen, der für die Kurven M angenommen wurde.

6. Wir bilden jetzt das längs einer Kurve M, also z. B. längs einer Kraftlinie, erstreckte Integral

$$\int_M (X \cdot Dx + Y \cdot Dy + Z \cdot Dz),$$

unter X, Y, Z die Komponenten der vom Strome J auf den Punkt m der Kurve M ausgeübten beschleunigenden Kraft verstehend. Nach 55) ist

$$56)\left\{\begin{aligned}\int\limits_M (X\cdot Dx+Y\cdot Dy+Z\cdot Dz) &= -\frac{mJ}{c}\int\limits_M \left\{\frac{\partial \Phi}{\partial x}\cdot Dx+\frac{\partial \Phi}{\partial y}\cdot Dy+\frac{\partial \Phi}{\partial z}\cdot Dz\right\}\\ &= -\frac{mJ}{c}\int\limits_M D\Phi = -\frac{mJ}{c}(\Phi_- - \Phi_+) = 4\pi\frac{mJ}{c}.\end{aligned}\right.$$

Würde man in gleicher Weise das sogenannte Linienintegral der magnetischen Feldstärke $\mathfrak{M}$ bilden, so fände man

$$57)\qquad \int\limits_M (\mathfrak{M}_x\cdot Dx+\mathfrak{M}_y\cdot Dy+\mathfrak{M}_z\cdot Dz) = 4\pi\frac{J}{c}.$$

Nun gestatten die Funktionen $\mathfrak{M}_x$, $\mathfrak{M}_y$, $\mathfrak{M}_z$ von x, y, z oder die aus ihnen durch Multiplikation mit m hervorgehenden Funktionen X, Y, Z zwei verschiedene Arten der Darstellung. Außer der eben benutzten Darstellung durch die Differentialquotienten eines über die Fläche F erstreckten Integrals Φ können sie nach den Gleichungen 21) S. 12 durch Integrale, die über die Stromkurve erstreckt sind, ausgedrückt werden und erweisen sich infolgedessen als stetige Funktionen von x, y, z an allen außerhalb der Stromkurve gelegenen Punkten. Da nun die Kurven M gänzlich außerhalb der Stromkurven liegen und für keinen ihrer Punkte der in den Gleichungen 21) S. 12 auftretende Abstand r verschwinden kann, so ergibt sich aus Gleichung 56), daß das über die Kurve M erstreckte Linienintegral der magnetischen Kraft eines geschlossenen Stromes eine vieldeutige Funktion der Koordinaten ist, daß es sich nämlich bei jedem Umlauf um den Betrag $4\pi m J : c$ ändert. Die von der Stromkurve J berandete Fläche F erscheint vom analytischen Standpunkte als ein sogenannter Querschnitt, der den zweifach zusammenhängenden Raum um den Stromring in einen einfach zusammenhängenden verwandelt und bei dessen Durchschreitung sich das Integral jedesmal um obigen Betrag ändert.

Die Wirkung einer magnetischen Doppelschicht F ist also nicht in jedem Betracht mit der des berandenden Stromringes J identisch. Sie ist es nur, soweit es sich um nicht auf der Doppelschicht liegende Punkte handelt. In den Punkten der Fläche F selbst ist das Linienintegral der von der magnetischen Doppelschicht ausgeübten Kraft unstetig, das Linienintegral aber der vom Stromring ausgeübten Kraft stetig. Man kann daher nicht erwarten, das etwa eine magnetisierte Eisenröhre in den Punkten des Hohlraumes so wirkt wie die solenoidartige Drahtspule, die auf außerhalb der Höhlung liegende Punkte dieselbe Wirkung ausübt wie die Röhre.

7. Bevor wir die Betrachtung des magnetischen Potentials verlassen, ist vielleicht die Bemerkung am Platze, daß man in der Formel 54) eine Anwendung jener auf S. 23 besprochenen merkwürdigen Eigenschaft der von Stromflächen ausgeübten Wirkungen erblicken kann, nach welcher es gleichgültig ist, wie man die Stromfläche wählt, wenn nur der Strom ihre Randkurve ist. Man denke sich F aus zwei Teilen bestehend, dem Kugelflächenstück Φ, das man durch Projektion des Stromringes aus dem Punkte m erhielt, und dem Stücke der projizierenden Kegelfläche, das vom Stromringe einerseits und vom Rande der sphärischen Figur andrerseits begrenzt ist. Erstreckt man nun obiges Integral über diese Fläche F, so verschwinden die auf den Kegel bezüglichen Teile, weil für sie der Winkel $(r\,n) = 90^0$ ist; dagegen liefern die auf die Kugel bezüglichen Teile des Integrals, da für sie Winkel $(r\,n) = 0$ und $r = 1$ ist, die auf der Kugel liegende Fläche Φ, die also wirklich den Wert des Gesamtintegrals darstellt.

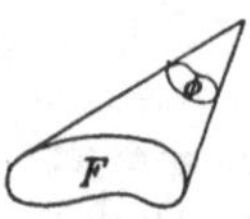

Fig. 20.

8. Aus Gleichung 46) S. 21 geht hervor, daß man das magnetische Potential 50), das ein unendlich kleiner Strom auf einen Pol m ausübt, auch

$$58)\qquad p_{im} = \frac{J}{c} f m \frac{\partial \frac{1}{r}}{\partial n}$$

schreiben darf, und die Gleichungen 39) und 40) S. 36 lehren die von Franz Neumann gefundene Darstellungsform des zwischen zwei unendlich kleinen Strömen wirksamen Potentials

$$59)\qquad p_{ii} = \frac{\mu}{c^2} J_1 J_2 f_1 f_2 \frac{\partial^2 \frac{1}{r}}{\partial n_1\, \partial n_2}.$$

Durch Integration über die Stromflächen erhält man daraus Darstellungen für das Potential beliebiger gleichförmiger geschlossener endlicher Ströme (vgl. 55) S. 41 und 40) S. 36 sowie 53) S. 41):

$$60)\qquad P_{im} = \frac{1}{c} J m \int\limits_F \frac{\partial\left(\frac{1}{r}\right)}{\partial n} \cdot DF = \frac{1}{c} J m\, \Phi = -\frac{\mu}{c} J \int\limits_F \mathfrak{M}_n\, DF,$$

$$61)\qquad P_{ii} = \frac{\mu}{c^2} J_1 J_2 \int\limits_{F_1}\int\limits_{F_2} \frac{\partial^2 \frac{1}{r}}{\partial n_1\, \partial n_2} \cdot DF_1 \cdot DF_2 = -\frac{\mu}{c^2} J_1 J_2\, \Psi.$$

Da man nun nach dem Stokesschen Satze Rand- in Flächenintegrale umwandeln kann und früher bereits die Kräfte, die Stromkreise ausüben, durch beide Arten von Integralen dargestellt wurden, so liegt es nahe, das Potential zweier Stromkreise durch ein Randintegral auszudrücken. Auch das hat F. E. Neumann 1845 durchgeführt.

Er fand, daß der Ausdruck

62) $$P_{ii} = -\frac{\mu}{c^2} J_1 J_2 \int\limits_{s_1}\int\limits_{s_2} \frac{\cos\varepsilon}{r} Ds_1 \cdot Ds_2,$$

das Potential zweier, mit 1 und 2 indizierten Stromkreise, in denen die Stromstärken J_1 bzw. J_2 bestehen, darstellt, wobei wie früher die Bogenelemente der Strombahnen s_1 und s_2 mit Ds_1 und Ds_2 bezeichnet sind, ihr Abstand mit r, der Winkel, den sie einschließen, mit ε.

In der Tat stimmt der negative Differentialquotient von P_{ii} nach x_1

63) $$-\frac{\partial P_{ii}}{\partial x_1} = \frac{\mu}{c^2} J_1 J_2 \int\limits_{(s_1)}\int\limits_{(s_2)} \frac{\partial \frac{1}{r}}{\partial x_1} \cdot \cos\varepsilon \cdot Ds_1 \cdot Ds_2$$

mit der in Gleichung 37) S. 35 angegebenen x-Komponente der Kraft überein, die der Strom 2 auf den Strom 1 ausübt, wenn lediglich Verschiebung des letzteren in der x-Richtung möglich ist, da ja in diesem Falle das zweite Glied des Integrals in jener Gleichung 37) bei der Integration über s_1 verschwindet.

Aber auch in dem allgemeineren Falle, daß sich irgend eine Koordinate k des Stromringes s_1 ändert, ergibt sich als die nach k wirkende beschleunigende Kraft K aus Gleichung 37) S. 35

64) $$\left\{\begin{aligned} K &= \sum_1 \sum_2 \left(X_1^{(2)} \cdot \frac{\partial x_1}{\partial k} + Y_1^{(2)} \cdot \frac{\partial y_1}{\partial k} + Z_1^{(2)} \cdot \frac{\partial z_1}{\partial k}\right) \\ &= \frac{\mu}{c^2} J_1 J_2 \int\limits_1\int\limits_2 Ds_1 \cdot Ds_2 \left\{\left(\frac{\partial \frac{1}{r}}{\partial x_1}\frac{\partial x_1}{\partial k} + \frac{\partial \frac{1}{r}}{\partial y_1}\frac{\partial y_1}{\partial k} + \frac{\partial \frac{1}{r}}{\partial z_1}\frac{\partial z_1}{\partial k}\right)\cos\varepsilon \right. \\ &\qquad \left. - \frac{\partial \frac{1}{r}}{\partial s_1}\left(\frac{\partial x_1}{\partial k}\cos\alpha_2 + \frac{\partial y_1}{\partial k}\cos\beta_2 + \frac{\partial z_1}{\partial k}\cos\gamma_2\right)\right\}. \end{aligned}\right.$$

$$
65)\quad \left\{
\begin{aligned}
K = \frac{\mu}{c^2} J_1 J_2 \int\limits_1\int\limits_2 D s_1 \cdot D s_2 \Bigg\{ & \frac{\partial \frac{1}{r}}{\partial k} \cos\varepsilon - \frac{\partial V}{\partial s_1} + \frac{1}{r}\left(\frac{\partial \cos\alpha_1}{\partial k}\cos\alpha_2\right. \\
& \left. + \frac{\partial\cos\beta_1}{\partial k}\cos\beta_2 + \frac{\partial\cos\gamma_1}{\partial k}\cos\gamma_2\right)\Bigg\}.
\end{aligned}
\right.
$$

Hierbei ist V zur Abkürzung geschrieben worden für

$$
V = \frac{1}{r}\left(\frac{\partial x_1}{\partial k}\cos\alpha_2 + \frac{\partial y_1}{\partial k}\cos\beta_2 + \frac{\partial z_1}{\partial k}\cos\gamma_2\right);
$$

auch waren die Beziehungen

$$
\cos\alpha_1 = \frac{\partial x_1}{\partial s_1}, \quad \cos\beta_1 = \frac{\partial y_1}{\partial s_1} \quad \cos\gamma_1 = \frac{\partial z_1}{\partial s_1}
$$

zu beachten und zu bedenken, daß $\cos\alpha_2$, $\cos\beta_2$ und $\cos\gamma_2$ bei der Differentiation nach s_1 als konstant zu betrachten sind. Nun ergibt sich bei der Integration über die geschlossene Kurve 1

$$
\int\limits_{(1)} \frac{\partial V}{\partial s_1} D s_1 = 0,
$$

und es bleibt

$$
66)\quad \left\{
\begin{aligned}
K &= \frac{\mu}{c^2} J_1 J_2 \int\limits_1\int\limits_2 D s_1 \cdot D s_2 \left\{\frac{\partial\frac{1}{r}}{\partial k}\cos\varepsilon + \frac{1}{r}\,\frac{\partial\cos\varepsilon}{\partial k}\right\} \\
&= \frac{\mu}{c^2} J_1 J_2 \frac{\partial}{\partial k}\int\limits_1\int\limits_2 D s_1\, D s_2 \frac{\cos\varepsilon}{r},
\end{aligned}
\right.
$$

also

$$
67)\qquad K = -\frac{\partial P_{ii}}{\partial k},
$$

d. h. P_{ii} ist das Potential der beiden Ströme 1 und 2 aufeinander, und bei der Differentiation sind die Stromstärken als unveränderlich anzusehen.

Diese Funktion hat F. E. Neumann auch noch in folgenden Gestalten dargestellt

$$
68)\quad \left\{
\begin{aligned}
\frac{c^2}{\mu}\cdot P_{ii} &= - J_1 J_2 \int\limits_1\int\limits_2 D s_1 \cdot D s_2 \frac{\cos\vartheta_1 \cos\vartheta_2}{r} \\
&= + 4 J_1 J_2 \int\limits_1\int\limits_2 D s_1 \cdot D s_2 \cdot \frac{\partial\sqrt{r}}{\partial s_1}\cdot\frac{\partial\sqrt{r}}{\partial s_2},
\end{aligned}
\right.
$$

deren Identität mit Gleichung 62) mittels der Gleichungen 19) und 20) S. 32 erweisbar ist, wenn man bedenkt, daß jede stetige Funktion bei der Integration über eine geschlossene Kurve den Integralwert Null liefert.

Wie für die Feldintensitäten $\mathfrak{E}$ und $\mathfrak{M}$ Potentialfunktionen

$$\frac{e}{\varepsilon r}, \qquad \frac{m}{\mu r}$$

eingeführt wurden, so ist selbstverständlich auch die Funktion

$$\frac{J}{c}f\frac{\partial \frac{1}{r}}{\partial n},$$

die zum Unterschied von obigem Potential als Potentialfunktion bezeichnet werden soll, für die magnetische Feldstärke bestimmend, die ein geschlossener Strom ausübt.

Dritter Teil.

Die Induktionserscheinungen.

Faraday, Franz Neumann.

Erster Abschnitt.

Faradays Entdeckung und das Neumannsche Gesetz.

1. „Verwandle Magnetismus in Elektrizität!“ — so hatte bereits 1822 Faraday in seine Laboratoriumsnotizen geschrieben, und man kann nicht zweifeln, daß sich seit den Tagen, da Oersted und Ampère die elektromagnetischen und die elektrodynamischen Wechselwirkungen entdeckt hatten, viele Physiker mit solchen Ideen trugen. Der elektrische Strom, der einen Eisenstab umwindet, macht ihn magnetisch; was war dazu das Gegenstück? Wohl, erst durch die Erkenntnis von der Erhaltung der Energie ist die Idee zum klaren Gedanken geprägt worden, daß es ein solches Gegenstück geben müsse; aber im unbestimmt drängenden Gefühl lag sie lange vorher. Fresnel wie Ampère glaubten schon 1820 Ströme durch Magnete erregt zu haben: sie mußten bald ihren Irrtum erkennen. Zwei Jahre später meinten Ampère und de la Rive dem gesuchten Geheimnis auf der Spur zu sein, vergebens. Und als nun gar 1824 Arago bemerkte, daß die Schwingungen einer Magnetnadel durch eine unter ihr liegende Kupferscheibe gedämpft wurden, daß die rotierende Kupferscheibe auch die Nadel in Rotation versetzte, ja als 1825 Babbage und Herschel diese Erscheinung umkehrten und zeigten, wie durch die rotierende Nadel die Kupferscheibe in Rotation geriet, — da konnte niemand an der Wechselbeziehung zwischen Magnetismus und Elektrizität zweifeln, aber sie klar zu fassen, gelang noch immer keinem der Physiker jener Zeit. Selbst der größte unter ihnen, selbst Faraday trug sich ein volles Jahrzehnt mit diesen Ideen, ehe ihm eine entscheidende Erkenntnis gelang, und man mag es in Silvanus Thompsons ansprechender

Schilderung[1] nachlesen, wie FARADAY in den Jahren 1822, 1824, 1825, 1828 vergebliche Anläufe machte, experimentell zur Klarheit durchzudringen. 1831 endlich glückte sein Werben. Er selbst hat uns in seinen Tagebüchern, seinen Briefen und vor allen in seinen wissenschaftlichen Veröffentlichungen, den „Experimentaluntersuchungen über Elektrizität", [2]) genaue Rechenschaft über den Werdegang seiner großen Entdeckungen hinterlassen. Wir wissen, in welcher besonderen Ausführungsform ihm der erste entscheidende Versuch gelang, und wie dann neue Fragen ihn bedrängten und neue experimentelle Antworten sich fanden, können wir von Tag zu Tag verfolgen.

Sein Ergebnis ist, ganz ähnlich wie bei OERSTED, einerseits eine qualitative Beschreibung der beobachteten neuen Erscheinungen, andrerseits eine neue Auffassungsweise der Übertragung magnetischer und elektrischer Kräfte, die freilich nicht wie bei OERSTED eine flüchtige allgemeine Bemerkung bleibt, sondern, besonders in der Folgezeit, von ihm unvergleichlich eigenartig durchgearbeitet wird.

FARADAY stellt fest, daß beim Verstärken und Schwächen des Magnetismus eines Eisenstücks, wie beim Bewegen eines Magneten Ströme in einem benachbarten Stromleiter entstehen: magnetoelektrische Induktion; daß aber auch beim Verstärken und Schwächen eines galvanischen Stromes, wie beim Nähern und Entfernen desselben Ströme in einem benachbarten Leiter entstehen: voltaelektrische Induktion.

2. Daß diese Ströme nur bestehen, während sich die Lage oder Intensität eines Stromes oder eines Magneten ändert, hat die Entdeckung so schwer gemacht und die neue Erscheinung so lange den nach ihr Suchenden verborgen. Diese unerwartete Eigentümlichkeit der neuen Tatsachen ist wohl die Quelle für die Vorstellungsweise, die FARADAY sich über das Zustandekommen dieser Vorgänge bildet. Er denkt sich durch jeden elektrischen Strom die ganze Umgebung desselben in einen eigenartigen Zustand versetzt, den er elektrotonischen Zustand nennt, und dessen nähere Charakterisierung durch Kraftlinien ihn noch lange, ja dessen tiefere Erkenntnis und Aufhellung die Physiker, man kann wohl sagen, seines Jahrhunderts beschäftigt hat. Der induzierte Strom, der an irgend

[1] S. THOMPSON, MICHAEL FARADAYS Leben und Wirken. Halle 1900.

[2] OSTWALDS Klassiker von Nr. 81 an in verschiedenen Bändchen, herausgegeben von v. OETTINGEN. — POGGENDORFF hat die einzelnen Teile immer kurz nach ihrem Erscheinen in seinen Annalen vom 25. Bande, 1832, an veröffentlicht.

einer Stelle auftritt, ist dann das Zeichen der Veränderung im elektrotonischen Zustande dieser Stelle.

Vielleicht wird es aus dieser Auffassung FARADAYS heraus verständlich, warum er und die im Banne seiner neuen Idee stehenden Physiker Englands erst spät zu einer mathematischen Formulierung der neuen Erfahrungen gelangten. Wie OERSTEDS Beobachtungen nicht durch ihn, sondern durch französische Forscher zum quantitativen Ausdruck zusammengefaßt wurden, so gelingt auch die erste klare mathematische Darstellung der von FARADAY enthüllten Vorgänge anderen Forschern, LENZ und FRANZ NEUMANN, während zur mathematischen Erfassung des FARADAYschen elektrotonischen Zustands erst eine weit spätere Zeit, erst MAXWELL und HERTZ, durchdrang, obschon FARADAY von Anfang an erkannte, daß das Durchschneiden der magnetischen Kraftlinien wesentliche Bedingung für das Auftreten induzierter Ströme ist.

3. LENZ suchte, wie vorher bereits RITCHIE,[1] den Gedanken der Wechselwirkung, der FARADAYS Forschen geleitet hatte, zu formulieren und sprach 1834[2] das Induktionsgesetz in den Worten aus: „Wenn sich ein metallischer Leiter in der Nähe eines galvanischen Stromes oder eines Magneten bewegt, so wird in ihm ein galvanischer Strom erregt, der eine solche Richtung hat, daß er in dem ruhenden Drahte eine Bewegung hervorgebracht hätte, die der hier dem Drahte gegebenen gerade entgegengesetzt wäre, vorausgesetzt, daß der ruhende Draht nur in Richtung der Bewegung und entgegengesetzt beweglich wäre“.

Der durch Bewegung eines Leiters in einem andern induzierte Strom würde auch dem ruhend gedachten induzierenden Leiter eine Bewegung erteilen, die der ihm tatsächlich erteilten entgegengesetzt gleich ist, wenn dem induzierenden Leiter keine andere Bewegungsfreiheit offensteht, als die dazu erforderliche. Entsprechend der auf S. 6 gegebenen Linken-Hand-Regel läßt sich daher für die Erscheinungen der Magnetinduktion eine Rechte-Hand-Regel konstruieren.

Denselben Gedanken, den LENZ verfolgte, formt 1845 F. E. NEUMANN iu die Gestalt um: Die Komponente der elektrodynamischen Wirkung des induzierten auf den induzierenden Strom, genommen nach dessen Bewegungsrichtung, ist negativ. Ist nun $K^1 \cdot Ds$ die

[1] RITCHIE, POGG. Ann. 31, 1834.

[2] LENZ, POGG. Ann. 31, 1834. In der Petersburger Akademie gelesen, 29. November 1833.

elektrodynamische Kraft, die der ruhend gedachte induzierende Strom auf ein Element Ds des induzierten Leiters ausüben würde, wenn dieser vom Strome $+1$ in Richtung der wachsenden s durchflossen würde, also $K^1 \cdot Ds \cdot \cos(K, v)$ die Komponente dieser fingierten elektrodynamischen Kraft nach der Richtung der Geschwindigkeit v des bewegten induzierten Leiters, so kann die Komponente der beim Auftreten des induzierten Stromes J wirklich vorhandenen elektrodynamischen Kraft $J \cdot K^1 \cdot Ds \cdot \cos(K, v)$ nur dann negativ sein, wenn J das entgegengesetzte Zeichen hat, wie $K^1 \cdot Ds \cdot \cos(K, v)$.

Ferner bedient sich NEUMANN für seine Entwickelungen der durch OHM 1826 klargestellten Beziehung, nach welcher zwischen der elektromotorischen Kraft E, der Stromstärke J und dem elektrischen Widerstande W des Schließungsbogens, dem das Leiterelement Ds angehört, eine einfache Beziehung besteht:

$$1) \qquad E = J \cdot W.$$

Lange Zeit war das OHMsche Gesetz, das heute im Mittelpunkte aller quantitativen Erwägungen über elektrische Ströme steht, unbeachtet geblieben; die unklaren Vorstellungen über Intensität und Quantität einer galvanischen Kette, die SIMON OHM (geb. 1787 in Erlangen, gest. 1854 in München) 1826 durch seine Begriffe Stromstärke und elektromotorische Kraft ersetzte, hatten sich noch lange nach seiner Entdeckung erhalten. Fast zehn Jahre vergingen, während nur ein einziger Physiker, FECHNER, das OHMsche Gesetz beachtete und prüfte; erst später haben sich GAUSS und WEBER, LENZ, JACOBI und POGGENDORFF in ihren grundlegenden Arbeiten dieser neuen Beziehung bedient, die dann endlich im Jahre 1841 durch Verleihung der Copleymedaille an OHM als eine der lichtvollsten und aufklärendsten Erkenntnisse der damaligen Physik anerkannt wurde.[1]

Indem NEUMANN das OHMsche Gesetz herbeizieht, schränkt er allerdings seine Theorie auf den Fall langsam veränderlicher induzierender Ursachen ein und schließt z. B. durch elektrische Entladungen induzierte Ströme aus. Er nennt die elektromotorische Kraft, die im Element Ds induziert wird, $e\,Ds$ und setzt

$$2) \qquad e \cdot Ds = i \cdot W = -K^1 \cdot Ds \cdot v \cdot \cos(K, v),$$

wobei i die durch Induktion des Elementes Ds allein im gesamten Schließungsbogen, dessen Widerstand W ist, entstandene Stromstärke darstellt.

[1] POGG. Ann. 55, S. 178, 1842.

Nun ist $K^1 \cdot Ds \cdot v \cdot \cos(K, v)$ nichts andres als die mechanische Arbeit, die in der Zeit 1 durch die beim Strom 1 wirkende elektrodynamische Kraft geleistet wird, also

$$3) \qquad e\,Ds = i\,W = -\left(X^1\frac{dx}{dt} + Y^1\frac{dy}{dt} + Z^1\frac{dz}{dt}\right)Ds,$$

wenn X^1, Y^1, Z^1 die Komponenten von K^1 nach den Koordinatenachsen sind. t bedeutet die Zeit, und zeitliche Änderungen der Koordinaten sind mit d gekennzeichnet, während mit D, wie bisher, räumliche Änderungen, Differenzen gleichzeitig vorhandener Koordinaten verschiedener Punkte gekennzeichnet werden.

Befinden sich in der Nähe des Stromelements Ds Magnete, die am Orte von Ds eine magnetische Feldstärke $\mathfrak{M} = \sum \frac{m}{\mu r^2}$ erwecken, so sind nach Gleichung 21) S. 12, die Komponenten der auf einen das Element Ds durchfließenden Strom J ausgeübten Kraft

$$4) \quad \begin{cases} X\,Ds = -J\frac{\mu}{c}(\mathfrak{M}_y Dz - \mathfrak{M}_z Dy), \quad Y\,Ds = -J\frac{\mu}{c}(\mathfrak{M}_z Dx - \mathfrak{M}_x Dz), \\ Z\,Ds = -J\frac{\mu}{c}(\mathfrak{M}_x Dy - \mathfrak{M}_y Dx). \end{cases}$$

Setzt man $J = 1$, so ergeben sich die für X^1, Y^1 und Z^1 in Gleichung 3) einzusetzenden Werte, und man erhält die elektromotorische Kraft

$$5) \quad \begin{cases} e\,Ds = \frac{\mu}{c}\left[(\mathfrak{M}_z y' - \mathfrak{M}_y z')Dx + (\mathfrak{M}_x z' - \mathfrak{M}_z x')Dy \right. \\ \qquad\qquad \left. + (\mathfrak{M}_y x' - \mathfrak{M}_x y')Dz\right], \end{cases}$$

also als Komponenten der elektromotorischen Kraft

$$6) \quad e_x = \frac{\mu}{c}(\mathfrak{M}_z y' - \mathfrak{M}_y z'), \quad e_y = \frac{\mu}{c}(\mathfrak{M}_x z' - \mathfrak{M}_z x'), \quad e_z = \frac{\mu}{c}(\mathfrak{M}_y x' - \mathfrak{M}_x y').$$

4. Für die Kräfte, die ein ruhender Magnet oder Strom auf einen bewegten geschlossenen Leiter ausübt, existiert nach S. 44 ein Potential. Nennen wir p^1 den vom Element Ds herrührenden Beitrag zu dem Potential, das der induzierende Magnet oder Strom ausüben würde, wenn jenes Element Ds vom Strom 1 durchflossen wäre, so folgt

$$7) \qquad e\,Ds = i \cdot W = +\frac{dp^1}{dt}.$$

Die Integration über alle Elemente Ds des Schließungsbogens ergibt als die insgesamt in ihm induzierte elektromotorische Kraft

8) $$E = \sum e\,Ds = J \cdot W = \frac{d\,P^1}{d\,t}$$

wobei nun $J = \sum i$ die Summe aller von der Induktion der einzelnen Elemente Ds herrührenden Stromintensitäten, also die im Schließungsbogen induzierte Stromstärke darstellt, P^1 aber das Potential, das von den induzierenden Magneten und Strömen auf den gesamten induzierten Schließungsbogen ausgeübt werden würde, wenn dieser vom Strome 1 durchflossen wäre und die Magnete unveränderliche Polstärken, die Ströme unveränderliche Stromstärken besäßen. Die induzierte elektromotorische Kraft gleicht dem vollständigen Differentialquotienten dieses Potentials, genommen nach der Zeit.

5. Dieses Neumannsche Integralgesetz hat sich nicht nur in dem bei der vorstehenden Entwickelung vorausgesetzten Falle, daß der Induzent ruht und nur der induzierte Leiter sich bewegt, als zutreffender mathematischer Ausdruck der Erfahrungen erwiesen, sondern auch bei irgend welchen relativen Lagenänderungen zwischen induzierendem und induziertem Körper, sowie auch bei Intensitätsänderungen des induzierenden Magneten oder Stromes.

Auch ist es noch angemessen, die Bemerkung beizufügen, daß durch die Gleichungen 1) und 8) über die Einheiten verfügt wurde, nach welchen die elektromotorische Kraft und der Widerstand zu messen sind.

Findet Induktion durch beliebige Magnetpole m_0 und Ströme J_0 statt, so ist nach den Gleichungen 60) und 61) S. 44

9) $$P^1 = \frac{1}{c} \sum \left(m_0\, \Phi - \frac{\mu}{c} J_0\, \Psi \right),$$

wo Φ die Kegelöffnung Gleichung 54) S. 41 darstellt, unter der der induzierte Leiter von m_0 aus erscheint, und Ψ als Induktionskoeffizient der Stromleiter, in denen der induzierende Strom J_0 und der induzierte J fließen, bezeichnet wird. Nach 62) S. 45 ist

10) $$\Psi = \int\limits_1 \int\limits_2 \frac{\cos \varepsilon}{r} D s_1\, D s_2 = - \int\limits_{F_1} \int\limits_{F_2} \frac{\partial^2 \frac{1}{r}}{\partial n_1\, \partial n_2} D F_1 \cdot D F_2,$$

wobei die Integrationen über diese beiden Leiter bzw. über ihre Stromflächen zu erstrecken sind.

Zweiter Abschnitt.

Anwendungen der Induktionstheorie.

1. Um ein Beispiel durchzuführen, berechnen wir den Induktionskoeffizienten zweier Kreise mit den Radien a_1 und a_2, deren Mittelpunkte im Abstande c voneinander entfernt sind und deren Ebenen zu diesem Abstande senkrecht stehen. Zwei beliebige Punkte P_1 und P_2 dieser Kreise haben den Abstand

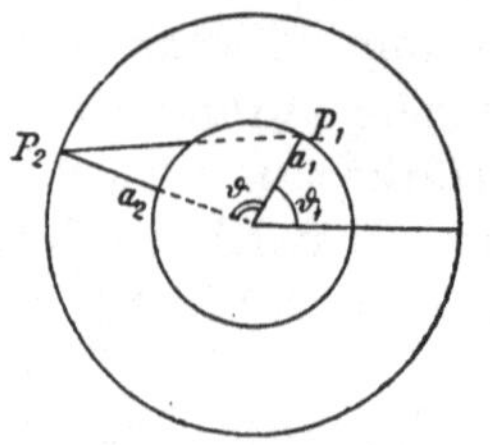

Fig. 21.

$$11)\quad r = \sqrt{(c^2 + a_1^2 + a_2^2 + 2\, a_1\, a_2 \cos\vartheta)},$$

wenn sie den Winkel ϑ miteinander bilden. Da alsdann die Leiterelemente $a_1 \cdot D\,\vartheta_1$ in P_1 und $a_2 \cdot D\,\vartheta_2$ in P_2 ebenfalls den Winkel $\vartheta = \vartheta_2 - \vartheta_1$ miteinander einschließen, so ist nach 10)

$$12)\quad \begin{cases} \Psi = \displaystyle\int_0^{2\pi}\int_0^{2\pi} \frac{a_1\, D\,\vartheta_1 \cdot a_2\, D\,\vartheta_2 \cdot \cos\vartheta}{\sqrt{(c^2 + a_1^2 + a_2^2 - 2\, a_1\, a_2 \cos\vartheta)}} \\ \quad = 2\,\pi\, a_1\, a_2 \displaystyle\int_0^{2\pi} \frac{\cos\vartheta\, d\,\vartheta}{\sqrt{c^2 + (a_1 + a_2)^2 - 4\, a_1\, a_2 \cos^2\frac{\vartheta}{2}}}. \end{cases}$$

Führt man hier als neue Veränderliche η ein, so daß

$$13)\quad \vartheta = \pi - 2\,\eta,$$

so stellt sich der Wert von Ψ in der Form dar

$$14)\quad \begin{cases} \Psi = -\,4\,\pi\, a_1\, a_2 \displaystyle\int_{\frac{\pi}{2}}^{-\frac{\pi}{2}} \frac{d\,\eta\,(2\sin^2\eta - 1)}{\sqrt{c^2 + (a_1 + a_2)^2 - 4\, a_1\, a_2 \sin^2\eta}} \\ \quad = \dfrac{8\,\pi\, a_1\, a_2}{s} \displaystyle\int_0^{\frac{\pi}{2}} \frac{d\,\eta\,(2\sin^2\eta - 1)}{\sqrt{1 - k^2 \sin^2\eta}}, \end{cases}$$

wobei

$$15)\quad s = \sqrt{c^2 + (a_1 + a_2)^2}, \quad k^2 = \frac{4\, a_1\, a_2}{s^2}$$

gesetzt wurde. Auf die Normalformen F und E der elliptischen Integrale führt man Ψ zurück durch die Umformung

$$16)\quad \begin{cases} \Psi = \frac{4\pi}{k}\sqrt{a_1 a_2}\int\limits_0^{\frac{\pi}{2}}\left\{(2-k^2)\frac{1}{\sqrt{1-k^2\sin^2\eta}} - 2\sqrt{1-k^2\sin^2\eta}\right\}d\eta \\ \Psi = \frac{4\pi}{k}\sqrt{a_1 a_2}\,\{(2-k^2)F - 2E\}. \end{cases}$$

2. Bemerkenswert ist der Fall, daß a_1 wenig größer als a_2 und zugleich c klein ist gegen a_1 (und a_2). Dann kann man

$$17)\qquad k^2 = 4a_1 a_2 : [c^2 + (a_1 - a_2)^2 + 4a_1 a_2] = \frac{1}{1+q}$$

setzen und

$$18)\qquad k'^2 = 1 - k^2 = \frac{q}{1+q},$$

wenn man zur Abkürzung

$$19)\qquad q = \frac{c^2 + (a_1 - a_2)^2}{4a_1 a_2}$$

einführt. Mit abnehmendem c und $a_1 - a_2$ nähert sich q der Grenze 0, k^2 der Grenze 1, k'^2 der Grenze $q = b^2 : 4a^2$, wobei b die kürzeste Entfernung der Kreislinien darstellt, also $b^2 = c^2 + (a_1 - a_2)^2$ ist. Da nun nach der Theorie der elliptischen Integrale

$$20)\quad F = l\left(\frac{4}{k'}\right) + \frac{k'^2}{4}\left[l\left(\frac{4}{k'}\right) - 1\right] + \cdots,\quad E = 1 + \frac{k'^2}{2}\left[l\left(\frac{4}{k'}\right) - \frac{1}{2}\right] + \cdots$$

so folgt

$$21)\qquad \Psi = 4\pi a\left[l\frac{8a}{b} - 2\right].$$

3. Auch der Fall verdient Beachtung, daß a_1 und a_2 sehr klein sind gegen c. Mit Hilfe der Reihenentwickelungen

$$22)\quad F = \frac{\pi}{2} + \frac{k^2\pi}{8} + \frac{9k^4\pi}{128} + \cdots,\quad E = \frac{\pi}{2} - \frac{k^2\pi}{8} - \frac{3k^4\pi}{128} - \cdots$$

ergibt sich dann

$$23)\qquad \Psi = \frac{\pi^2}{2}\sqrt{a_1 a_2}\cdot k^3 = \frac{2\pi^2 a_1^2 a_2^2}{s^3} = \frac{2\pi^2 a_1^2 a_2^2}{c^3}.$$

Bedenkt man nun, daß $\pi a_1^2 = f_1$ und $\pi a_2^2 = f_2$ die Stromflächen darstellen, setzt $c = x_2 - x_1 = r$ und bemerkt, daß die mit Nordmagnetismus zu beladenden Seiten der Stromflächen bei gleichgerichteten Strömen beide mit der Richtung der x übereinstimmen oder beide nicht, so ergibt sich die Identität obiger Formel mit der früher gefundenen und auf den vorliegenden Fall anwendbaren

$$\Psi = - \frac{\partial^2 \frac{1}{r}}{\partial n_1 \partial n_2} \cdot f_1 \cdot f_2 . \tag{24}$$

4. Neben NEUMANN hat in ausgezeichneter Weise WILHELM WEBER die Induktionserscheinungen theoretisch und experimentell durchgearbeitet und weittragende Anwendungen derselben ersonnen.

Die bekannteste ist wohl seine Theorie des Diamagnetismus; wie AMPÈRE die Molekeln der magnetischen Stoffe sich drehbar und mit unveränderlichen Strömen umgürtet denkt, so nimmt WEBER an, daß jede Molekel einer diamagnetischen Substanz von einer leitenden widerstandslosen Hülle umgeben ist, in der bei Erregung des Magnetfeldes Ströme induziert werden, die bis zum Aufhören der magnetischen Kraft andauern und dann durch einen induzierten Strom entgegengesetzter Richtung vernichtet werden. Nach den Gesetzen der Induktion ist die durch solche Ströme erzeugte Polarität der Substanz entgegengesetzt der, welche nach der AMPÈREschen Theorie eine magnetische Substanz zeigen würde.

Aber tiefer als mit dieser wertvollen Hypothese dringt WEBER durch seine Messungsmethoden und ihre mathematischen Begründungen in das Eigenartige der Induktionserscheinungen ein. Wer die physikalischen Arbeiten aus dem Gebiete der Elektrizität, die während des vierten Jahrzehnts im vorigen Jahrhundert veröffentlicht wurden, durchsieht, überwiegend Arbeiten, die qualitativ die elektrischen Erscheinungen feststellen, nur selten die gelegentlich hervortretenden quantitativen Beziehungen in ausgedehnten Messungsreihen verwerten oder bis zu mathematischer Klarheit verfolgen, — der erstaunt, wenn er im Jahre 1838, im 43. Bande von POGGENDORFFS Annalen, plötzlich WEBERS Abhandlung über das Induktions-Inklinatorium vorfindet, voll mathematischer Formeln und sorgfältiger Beobachtungsbeispiele. Der Geist, mit dem GAUSS an die Aufgabe herangetreten war, die sich der magnetische Verein gesteckt hatte, durchweht die Arbeiten WEBERS und macht sie zu so glänzenden Mustern mathematisch-physikalischer Forschung.

5. So möge denn als das berühmteste Beispiel einer Verwendung der Induktion für physikalische Messungen der Erdinduktor WEBERS hier behandelt werden.

Wir wählen die horizontale Richtung nach dem magnetischen Norden als x-Richtung, die Richtung vertikal nach unten als z-Richtung, die zu beiden senkrechte Ostrichtung als y-Richtung eines (englischen) Koordinatensystems. Um die z-Achse dreht sich ein Kreisring vom Radius a, dessen Mittelpunkt der Koordinatenanfang C sei. Die Horizontalkomponente des Erdmagnetismus denken wir uns von einem in Richtung der x sehr fern, im Abstande e von C gelegenen Südpol ausgeübt, dessen Polstärke $-M$ heißen möge. Die Kegelöffnung, unter welcher der Kreis von dem fernen Pole aus erscheint, ist, wenn die bezüglich des Koordinatensystems positive Normale der Kreisfläche den Winkel ψ mit der x-Achse einschließt

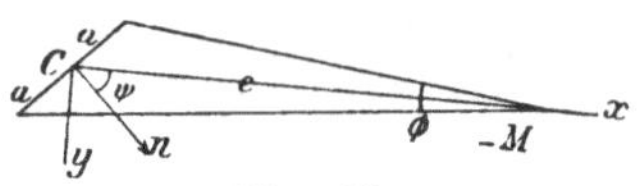

Fig. 22.

25) $$\Phi = \frac{a^2 \pi \cdot \cos \psi}{e^2}.$$

Es wird daher bei der Rotation des Kreisringes in ihm ein Strom induziert, dessen Intensität J sich, wenn W der elektrische Widerstand des Schließungsbogens ist, aus Gleichung 8) und 9) ergibt:

26) $$J \cdot W = \frac{d P^1}{d t} = \frac{d}{d t}\left(\frac{-M \Phi}{c}\right) = + M \frac{a^2 \pi}{c \cdot e^2} \sin \psi \cdot \frac{d \psi}{d t}.$$

Während einer Halbumdrehung des Ringes, während sich also ψ um π ändert, wird ein Integralstrom

27) $$\int J d t = 2 \frac{M}{c \cdot e^2} \frac{a^2 \pi}{W} = 2 \frac{H F}{W} \cdot \frac{\mu}{c}$$

induziert, wobei mit H die Horizontalintensität der erdmagnetischen Kraft und mit F die Stromfläche bezeichnet ist:

$$H = \frac{M}{\mu e^2}, \qquad F = a^2 \pi.$$

Da man durch eine halbe Umdrehung um eine horizontale Achse in entsprechender Weise eine Gleichung für die Vertikalkomponente des Erdmagnetismus erhalten kann, so bietet sich schon hier ein Mittel, das Verhältnis der beiden Komponenten, d. h. die Inklination der Magnetnadel zu ermitteln.

6. Wir kehren aber jetzt zu Gleichung 26) zurück und bestimmen die elektromagnetische Kraft, die der induzierte Strom J auf eine kleine Magnetnadel ausübt, die wir uns in C, um eine vertikale Achse beweglich, angeordnet denken. Nach Gleichung 5) S. 8

erfährt ein in C befindlicher Nordpol von der Polstärke m eine nach der positiven Normalen der Kreisfläche gerichtete Kraft von der Stärke $2\pi Jm : ac$. Von deren Komponenten

28) $$X = \frac{2\pi Jm}{c \cdot a} \cos\psi, \qquad Y = \frac{2\pi Jm}{c \cdot a} \sin\psi$$

bilden wir die während einer vollen Umdrehung des Kreisringes sich ergebenden Mittelwerte. Erfolgt eine Umdrehung in der Zeit τ, so ist

29) $$\left\{\begin{aligned} \overline{X} &= \frac{1}{\tau}\int_0^\tau X\,dt = \frac{2\pi m}{a\tau}\,\frac{Ma^2\pi}{c^2e^2W}\int_0^{2\pi}\sin\psi\cos\psi\,d\psi = 0, \\ \overline{Y} &= \frac{1}{\tau}\int_0^\tau Y\,dt = \frac{2\pi m}{a\tau}\,\frac{Ma^2\pi}{c^2e^2W}\int_0^{2\pi}\sin^2\psi\,d\psi = \frac{2\pi^3 ma}{c^2We^2\tau}M. \end{aligned}\right.$$

Hiernach wirkt der Induktionsstrom, der im Kreisringe entsteht, so auf die Nadel in dessen Mittelpunkte C, als befände sich im Abstande e östlich von C die Polstärke $-2\pi^3 aM\mu : c^2 W\tau$.

Da nun außerdem die Nadel dem unmittelbaren Einflusse der erdmagnetischen Kraft unterliegt, also der von dem Pole $-M$ in der x-Richtung auf m ausgeübten Anziehung, so steht die Nadel unter einem Winkel ψ_0 im Gleichgewicht, der durch

30) $$\tan\psi_0 = \frac{2\pi^3 a}{W\tau}\cdot\frac{\mu}{c^2}$$

bestimmt ist. Diese Beziehung ist dadurch berühmt geworden, daß sie den Widerstand W in absolutem Maße zu ermitteln gestattet.

7. Ganz entsprechend untersuchen wir jetzt die Wirkung der Rotation des Kreisringes um die x-Achse. Wir denken uns die Vertikalkomponente des Erdmagnetismus durch einen auf der z-Achse in sehr großer Entfernung e befindlichen Pol von der Stärke $-M'$ ausgeübt und bemerken, daß die Induktion in diesem Falle aus der oben berechneten hervorgeht, indem man durch Drehung des Koordinatensystems um die y-Achse an Stelle der x- die z-Achse treten läßt. Also wird jetzt, entsprechend den Gleichungen 29), gefunden

31) $$\overline{Z} = 0, \qquad \overline{Y} = \frac{2\pi^3 ma}{c^2 W\cdot e^2\tau}\cdot M',$$

d. h. die Wirkung auf die innere Nadel ist jetzt so, als befände sich in östlicher Richtung die Polstärke $-2\pi^3 aM'\mu : c^2 W\tau$ im Abstande e. Durch diese Wirkung und die direkt von der Horizontalkomponente des Erdmagnetismus ausgeübte Kraft, die einem Pole $-M$ auf der x-Achse in der Entfernung e entspricht, wird die Deklinationsnadel jetzt eine Ablenkung ψ'_0 erfahren, die sich aus

32) $$\tan \psi'_0 = \frac{2\pi^3 a}{W\tau} \frac{M'}{M} \frac{\mu}{e^2}$$

ergibt. Der Vergleich der Formeln 30) und 32) ergibt die Inklination i durch die Gleichung

33) $$\tan i = \frac{M'}{M} = \frac{\tan \psi'_0}{\tan \psi_0},$$

die wohl das merkwürdigste Ergebnis dieser Methoden darstellt.

Auch folgt

34) $$\tan \psi'_0 = \frac{\mu}{e^2} \frac{2\pi^3 a}{W\tau} \tan i$$

und das ist die von Weber entwickelte und von ihm zunächst für relative Messungen der Inklination empfohlene Formel.

Dritter Abschnitt.

Elementargesetze und Integralgesetze.

1. Nachdem das Induktionsgesetz für geschlossene Ströme festgestellt war, lag der Gedanke nahe, ein Induktionsgesetz für Stromelemente zu suchen, wie das Ampèresche Gesetz oder das Biot-Savartsche für Stromelemente gelten. Die Erkenntnis der Induktionsvorgänge oder der elektromotorischen Vorgänge schien den umgekehrten Weg gehen zu sollen, wie die Erforschung der ponderomotorischen, d. h. der elektrodynamischen und der elektromagnetischen Wirkungen; diese gelangte von den Elementargesetzen auf analytischem Wege zu den für geschlossene Ströme gültigen Gesetzen, die man als Integralgesetze bezeichnen kann.

Felici und später der Sohn Franz Neumanns, Carl Neumann, haben diesen Weg in der Tat durchgeführt. Dabei ist zu beachten, daß die Aufgabe, von einem gegebenen, für geschlossene Ströme gültigen Integralgesetze zu dem entsprechenden Elementargesetze vorzudringen, ihrer mathematischen Natur nach unbestimmt ist, während die umgekehrte Aufgabe keine Unbestimmtheit enthält. Denn bei der Integration über die Elemente Ds einer geschlossenen Kurve tilgen sich Glieder von der Form

$$\frac{\partial f}{\partial s} \cdot D s,$$

wo f eine beliebige Funktion der Koordinaten darstellt, und man kann also nach Belieben dem Elementargesetz derartige Glieder beifügen, ohne das Integralgesetz zu ändern. Es müssen also noch andere Gesichtspunkte herangezogen werden, um die Frage nach dem Elementargesetz bei gegebenem Integralgesetz überhaupt zu präzisieren.

2. Dementsprechend stellt dann aber auch das Elementargesetz eine höhere Stufe der Erkenntnis dar, als das Integralgesetz, insofern es eine größere Gruppe von Erkenntnissen umfaßt als dieses und der unmittelbaren Erfahrung ferner gerückt ist. Die bisher besprochenen Integralgesetze sind nämlich am zuverlässigsten nur in dem Falle experimentell geprüft worden, daß sich die Gestalt der Stromringe nicht ändern kann und die Stromstärke in allen Teilen des Leiters dieselbe ist. Wenn nun aber die Gestalt eines Stromkreises veränderlich ist, wenn etwa — was mittels eines auf Quecksilberrinnen schwimmenden Metallbügels leicht ausführbar ist — sogenannte Gleitstellen vorhanden sind, d. h. Leiterelemente in den Stromkreis ein- oder aus ihm austreten können, ebenso wenn es sich um ungleichförmige oder gar um nicht geschlossene Ströme handelt, so liegen Probleme vor, auf die sich das ursprüngliche Integralgesetz nicht bezieht, die aber das Elementargesetz mit umfassen muß.

3. Auf das Elementargesetz der Induktion soll hier nicht eingegangen werden, umsoweniger als ja die gewählte Stufe der Abstraktion an sich eine Willkür enthält. Die in der Erfahrung gegebenen Ströme sind nicht, wie von Ampère und Franz Neumann immer in erster Annäherung vorausgesetzt war, streng linear, sondern sind als Vorgänge, die sich in einem Volumbereiche abspielen, zu betrachten. Man wird daher nicht dabei stehen bleiben, sich den Leiter in Stromelemente zerlegt zu denken, sondern vielmehr Volumelemente betrachten, wie das auch Carl Neumann mit Erfolg durchgeführt hat. Dabei aber erhebt sich der Zweifel, ob dies überhaupt eine zweckmäßige, d. h. zu einer einfachen Naturbeschreibung führende Abstraktion ist, oder nicht vielmehr innerhalb der Volumelemente sich abspielende hypothetische Vorgänge zu ersinnen sind, um auf formal einfache Gesetze zu gelangen. Auf letzterem Wege gelangt man dann zu Elementargesetzen in anderem Sinne als dem obigen, zu Gesetzen, die sich nicht auf die geometrischen Elemente der Strombahn, sondern auf fingierte physische Elemente des Strömungsvorgangs beziehen.

In diesem Sinne hat W. WEBER ein Elementargesetz der elektrodynamischen Vorgänge ersonnen, von dem im nächsten Teile die Rede sein soll.

4. Aber während der nach diesen Richtungen zielenden Versuche regte sich schon eine andere historische Entwickelungsrichtung, die an FARADAYS physikalische Idee eines elektrotonischen Zustandes anknüpft. Hält jene, im vierten Teile weiter zu verfolgende Richtung an der Vorstellung fest, daß im Leiter eine strömende Bewegung stattfindet, so sucht der FARADAYsche Ideengang das Wesen der Erscheinung, die wir Strom nennen, in jenem eigenartigen Zustande, in den die Umgebung des Leiters gerät. Da ist es die Umgebung des Leiters, auf die die Analyse einzugehen hat, es sind Methoden zur zweckmäßigen Beschreibung des Zustandes, der in der Umgebung des Leiters herrscht, zu ersinnen. Davon soll der fünfte Teil des Buches handeln.

Welcher dieser Wege aber auch betreten wird, ob man sich begnügt, Gesetze zu finden, nach denen die geometrischen Elemente der Leiter aufeinander wirken, oder tiefer in den Mechanismus der Strömung einzudringen sucht, ob man gar die Idee der Strömung als unwesentlich ganz zurücktreten läßt, — immer müssen zu den erfahrungsmäßig festgestellten Gesetzen der Bewegungen und der Induktionserscheinungen, die geschlossene Ströme zeigen, noch andersartige Erfahrungen und Abstraktionen hinzutreten.

Da verdient denn vor allem noch ein Gedankenkreis genauere Betrachtung, weil er, seitdem er in die Wissenschaft eintrat, alle derartigen Versuche, zweckmäßige Elemente der Erfahrungstatsachen zu ersinnen, beherrscht, nämlich der Gedankenkreis der Energie und ihrer Erhaltung. Seine Behandlung sei daher an die Spitze des nächsten Teiles gestellt.

Vierter Teil.

Theoretischer Zusammenschluß und mathematische Verarbeitung der Erfahrungstatsachen.

Erster Abschnitt.

Die Erhaltung der Energie.

Joule, Helmholtz.

1. Aus den Elementen der Mechanik ist bekannt, daß die in jedem Zeitelemente dt stattfindende Änderung dT der kinetischen Energie eines Massenpunktes gleich der mechanischen Arbeit dA ist, die während desselben Zeitelements von den Kräften, die auf diesen Massenpunkt ausgeübt werden, geleistet wird. Es ist

$$1)\qquad dT = X \cdot dx + Y \cdot dy + Z \cdot dz = dA,$$

wenn X, Y, Z die Komponenten der auf den Massenpunkt wirkenden Kraft und dx, dy, dz die Komponenten der von ihm während des Zeitelements dt zurückgelegten Strecke sind. Zu diesem im Verlaufe des 18. Jahrhunderts bereits durchgebildeten Satze von der mechanischen Arbeit, der auch als Energiegesetz bezeichnet werden mag, wurde nun durch die von Green und Gauss herrührende Lehre vom Potential (vgl. S. 38) folgende Ergänzung gefügt.

Besteht zwischen den Massenpunkten P_1 in $(x_1 | y_1 | z_1)$ und P_2 in $(x_2 | y_2 | z_2)$ eine potentielle Energie $V_{1,2}$, so wirkt auf P_1 eine Kraft, deren Komponenten

$$2)\qquad X_1^{(2)} = -\frac{\partial V_{1,2}}{\partial x_1}, \quad Y_1^{(2)} = -\frac{\partial V_{1,2}}{\partial y_1}, \quad Z_1^{(2)} = -\frac{\partial V_{1,2}}{\partial z_1}$$

sind, und zugleich auf P_2 eine Kraft mit den Komponenten

$$3)\qquad X_2^{(1)} = -\frac{\partial V_{1,2}}{\partial x_2}, \quad Y_2^{(1)} = -\frac{\partial V_{1,2}}{\partial y_2}, \quad Z_2^{(1)} = -\frac{\partial V_{1,2}}{\partial z_2}.$$

Jene Kraft, die als „vom Punkte 2 auf den Punkt 1 ausgeübte Kraft" gedacht wird, leistet die Arbeit

$$4)\qquad d A_1^{(2)} = -\left(\frac{\partial V_{1,2}}{\partial x_1} d x_1 + \frac{\partial V_{1,2}}{\partial y_1} d y_1 + \frac{\partial V_{1,2}}{\partial z_1} d z_1\right),$$

dagegen die „vom Punkte 1 auf den Punkt 2 ausgeübte" die Arbeit

$$5)\qquad d A_2^{(1)} = -\left(\frac{\partial V_{1,2}}{\partial x_2} d x_2 + \frac{\partial V_{1,2}}{\partial y_2} d y_2 + \frac{\partial V_{1,2}}{\partial z_2} d z_2\right).$$

Die Arbeit $dA_1^{(2)}$ stellt einen Beitrag zu der auf den Punkt 1 überhaupt, nämlich von allen sonstigen Punkten, ausgeübten Arbeit $d A_1$ dar, ebenso wie $d A_2^{(1)}$ ein Teil von $d A_2$ ist.

2. Solche Potentiale sind nun, wie bereits S. 38 besprochen, die der Newtonschen Gravitation und die der Coulombschen elektrostatischen und magnetischen Anziehungen und Abstoßungen. Befinden sich z. B. in P_1 und P_2 Magnetpole von den Intensitäten m_1 und m_2, so ist

$$6)\qquad V_{1,2} = \frac{m_1 m_2}{\mu r} + C,$$

wo C eine Konstante darstellt. Denn aus

$$7)\qquad r^2 = (x_2 - x_1)^2 + (y_2 - y_1)^2 + (z_2 - z_1)^2$$

folgt

$$8)\qquad \frac{\partial r}{\partial x_1} = - \frac{x_2 - x_1}{r}, \qquad \frac{\partial r}{\partial x_2} = + \frac{x_2 - x_1}{r},$$

und wenn man der Strecke r die Richtung $P_1 P_2$ als positive Richtung zuschreibt, so kann man setzen

$$9)\qquad \frac{\partial r}{\partial x_1} = - \cos (r x), \qquad \frac{\partial r}{\partial x_2} = + \cos (r x).$$

Unter Beachtung der entsprechenden Formeln für die Differentiationen nach y und z ergibt sich dann, daß obige Funktion $V_{1,2}$ Kräfte liefert, die dem Coulombschen Gesetze genügen.

Die gesamte mechanische Arbeit, die von diesen Kräften herrührt, ist endlich nach 4) und 5) gleich

$$10)\qquad d A_2^{(1)} + d A_1^{(2)} = - d_k V_{1,2},$$

wobei der Index k andeuten soll, daß das Differential von $V_{1,2}$ nach den räumlichen Koordinaten zu bilden ist, von denen die Lagenänderung der Pole m_1 und m_2 abhängt, während eine etwa gleichzeitig stattfindende Änderung der Polstärken keinen Einfluß auf die elementare Änderung der Arbeit hat.

3. Sind nicht nur zwei Magnetpole, sondern beliebig viele vorhanden $m_1 m_2 \cdots m_i m_j \cdots$, so ergibt sich aus der Funktion

$$
11)\quad \left\{
\begin{aligned}
\mu V = {} & \frac{m_1 m_2}{r} + \frac{m_1 m_3}{r} + \frac{m_1 m_4}{r} + \cdots \\
& + \frac{m_2 m_3}{r} + \frac{m_2 m_4}{r} + \cdots \\
& + \frac{m_3 m_4}{r} + \cdots \\
& + \cdots \\
= {} & \frac{1}{2}\left\{m_1\left[\frac{m_2}{r} + \frac{m_3}{r} + \frac{m_4}{r} + \cdots\right] + m_2\left[\frac{m_1}{r} + \frac{m_3}{r} + \frac{m_4}{r} + \cdots\right] + \cdots\right\} \\
= {} & \frac{1}{2}\sum_i \sum_j \frac{m_i m_j}{r},
\end{aligned}
\right.
$$

dem Potential des Magnetpolsystems auf sich selbst, durch Differentiieren jede der vorkommenden Kräfte und die gesamte mechanische Arbeit, die von diesen herrührt. Würden daher überhaupt keine anderen Kräfte ausgeübt, so würde die Änderung der gesamten kinetischen Energie dieses Systems gegeben durch

$$
12)\qquad dT = dA = -\, d_k V,
$$

und es wäre

$$
13)\qquad d(T + V) = 0, \qquad T + V = \text{konst.}
$$

Bezeichnet man also das Potential V als potentielle Energie des Polsystems auf sich selbst oder als die potentielle Eigenenergie des Systems, so sieht man den Satz von der mechanischen Arbeit im vorliegenden Falle übergehen in das Energieintegral oder den Satz von der Erhaltung der Energie.

Was hier für Magnetpole durchgeführt wurde, gilt selbstverständlich auch für gravitierende oder elektrisch geladene Massen.

4. Daß auch die zwischen Strömen und Magneten, sowie die von Strömen auf Ströme ausgeübte mechanische Arbeit durch ein Potential dargestellt werden kann, ist als Ergebnis der Untersuchungen F. E. Neumanns in den vorigen Teilen des Buches besprochen worden. Die im Zeitelement dt zwischen einem geschlossenen

Strome von der Intensität J und einem Magnetpole von der Stärke m wirksame mechanische Arbeit ist nach Gleichung 54) S. 41 bzw. 44) S. 20 und 9) S. 53

14) $$dA = -\frac{1}{c} J m d_k \Phi = -J d_k P^1,$$

wo Φ die Kegelöffnung bezeichnet, unter der J von m aus erscheint und P^1 das Potential, das der Strom 1 auf m ausübt; und die zwischen zwei geschlossenen Strömen J_1 und J_2 erzeugte Arbeit ist nach Gleichung 39) S. 35

15) $$dA = \frac{\mu}{c^2} J_1 J_2 d_k \Psi,$$

wenn Ψ den Induktionskoeffizienten beider Ströme darstellt.

5. Aber zu der Erkenntnis, daß auch in den Fällen, wo elektrische Ströme mitwirken, die Erhaltung der Energie stattfindet, kann man mit den bis hierher besprochenen Beziehungen nicht gelangen. Dazu war vor allem die neue Erfahrung nötig, die Joule im Jahre 1841 und Lenz 1843 feststellten, daß nämlich ein elektrischer Strom J während der Zeit dt in dem gesamten Schließungsbogen, den er durchfließt, eine gewisse Wärmemenge dQ entwickelt.

Ist W der Widerstand des Schließungsbogens, so ist zufolge der experimentellen Feststellungen stets

16) $$a \cdot dQ = J^2 \cdot W \cdot dt$$

und dabei bezeichnet a eine universelle, nur von der Wahl der Maßeinheiten abhängige Konstante.

Nun war gerade durch Joules Experimentaluntersuchungen die tiefe Erkenntnis vorbereitet und zuerst 1842 klar durch Robert Mayer ausgesprochen worden, daß Wärme und mechanische Arbeit äquivalent sind. Mißt man, was demgemäß möglich ist, Wärme mit derselben Einheit wie mechanische Arbeit, so wird der Proportionalitätsfaktor $a = 1$. Denn nach dem Induktionsgesetze 8) S. 52 ist $J^2 \cdot W \cdot dt = J \cdot dP^1$, und dieser Ausdruck stellt eine mechanische Arbeit dar, wie aus der Bedeutung von P^1 hervorgeht. Bei geeigneter Wahl der Einheit für Q ist also

16b) $$dQ = J^2 \cdot W \cdot dt.$$

Da nun, wie bereits S. 51 benutzt wurde, nach Ohms Untersuchungen von 1826 die elektromotorische Kraft E in einem Schließungsbogen mit der in ihm herrschenden Stromstärke J und mit seinem Gesamtwiderstande W in der Beziehung steht

17) $$E = J \cdot W,$$

so kann die im ganzen Schließungsbogen entwickelte Wärme

18) $$d Q = E J d t = J^2 W d t$$

geschrieben werden, vorausgesetzt, daß eben keine andere Energieform als Wärme und nicht etwa auch mechanische Arbeit erzeugt wird. Nach der von R. MAYER entwickelten Anschauungsweise der Naturvorgänge hat man sich das so zu denken, daß in jedem Zeitelemente dt durch die den elektrischen Strom verursachenden Kräfte, also im Falle eines galvanischen Stromes durch chemische Kräfte ein Energievorrat $E \cdot J \cdot dt$ dem Schließungsbogen zugeführt wird, und zwar auf Kosten dieser chemischen Kräfte. Im selben Zeitelement gibt dafür der Schließungsbogen an seine Umgebung, z. B. bei einem der JOULEschen Versuche an das Kalorimeter, den empfangenen Energiebetrag ab, und zwar als Wärme.

6. Die eigentliche Leistung dieser neuen Anschauungsweise beginnt, sobald die Energie in verschiedenen Formen dem Schließungsbogen zugeht oder von ihm abgegeben wird. Wird die von den chemischen Kräften dem Schließungsbogen zugeführte Energie teils als Wärme, teils als mechanische Arbeit abgegeben, so muß

19) $$E \cdot J \cdot d t = d A + d Q$$

sein, und es ist eines der Hauptverdienste der berühmten Jugendarbeit von HELMHOLTZ „Über die Erhaltung der Kraft", 1847, diesen Gedanken mathematisch durchgeführt zu haben.

Befinden sich in der Umgebung des Schließungsbogens Magnetpole m, so wird durch deren Bewegung und die des Schließungsbogens eine mechanische Arbeit geleistet im Betrage $-J d \sum P^1$, wobei P^1 das Potential bezeichnet, das von m auf den Schließungsbogen ausgeübt wird. Somit ergibt sich

20) $$E J d t = d A + d Q = - J d \sum P^1 + J^2 W d t,$$

daher

21) $$E = J W - \frac{d}{dt} \sum P^1$$

oder

22) $$J = \frac{E}{W} + \frac{1}{W} \cdot \frac{d \sum P^1}{d t},$$

d. h. der Strom J ist gleich dem Strom, den die aus chemischen Vorgängen stammende elektromotorische Kraft, allgemeiner die elektromotorische Eigenkraft des Schließungsbogens erzeugt, vermehrt um den von der Magnetinduktion hervorgebrachten Strom.

7. Nach dieser, wie gesagt, von HELMHOLTZ stammenden Umformung klärt also das Gesetz von der Energieerhaltung die innige Beziehung auf, in der die elektromagnetische Bewegung mit der Magnetinduktion oder die pondero- mit der elektromotorischen Kraft steht. Daß eine Art Gegenwirkung der mechanischen Arbeit, die zwischen Strömen und Magneten übertragen wird, bestehen müsse, war der Leitgedanke gewesen, der FARADAY zur Entdeckung der Induktion geführt hatte, — später hatten LENZ und FRANZ NEUMANN es unternommen, die Gesetze der Induktion zu formulieren als die Gesetze dieser Beziehung zur mechanischen Arbeit, — aber erst das Energiegesetz bringt diese Beziehung auf ihren einfachsten analytischen Ausdruck.

Wie immer in der Entwickelung des Energiegedankens war es auch bei seinem Eindringen in die elektrischen Erscheinungen die Technik, die ihn gleichsam als selbstverständlich der wissenschaftlichen Erkenntnis vorwegnahm. Schon während der ersten Anläufe der Elektrotechnik, der ersten Entwürfe zu magnet-elektrischen Maschinen, warf 1839 VORSSELMANN DE HEER die Frage auf, die er als die Lebensfrage des Elektromagnetismus bezeichnet: „Wieviel Pfund Zink werden erfordert, um eine Kraft von einer, zehn, hundert Pferdekräften hervorzubringen?“ Aber es bedurfte einer durchgreifenden Umgestaltung der allgemeinen Anschauungen über das Wirken der Kräfte, ehe eine befriedigende Antwort auf derartige Fragen gegeben werden konnte.

8. Wie soeben vom Energiegesetz und dem Gesetze der elektromagnetischen Kraft das Induktionsgesetz hergeleitet wurde, so läßt sich natürlich auch das Gesetz der Energieerhaltung als eine Folge der elektro- und der ponderomotorischen Wirkungen darstellen, die zwischen Magneten und Strömen wirken. Das soll in der folgenden, die obige HELMHOLTZsche Rechnung als besonderen Fall mitumfassenden Untersuchung durchgeführt werden.

Es mögen zwei durch die Indices 1 und 2 unterschiedene geschlossene Stromkreise mit den Widerständen W_1 und W_2 gegeben sein, in deren jedem eine elektromotorische Eigenkraft E_1 bzw. E_2, etwa chemischen Ursprungs, wirkt. Der Induktionskoeffizient, den die beiden Ströme aufeinander ausüben, heiße Ψ, auch werde berücksichtigt, daß die einzelnen Teile eines und desselben Stromkreises aufeinander induzierend wirken, und es sei deshalb der Koeffizient der Selbstinduktion für den einen Stromkreis mit Ψ_1, für den andern mit Ψ_2 bezeichnet. Auch mögen beliebig viele Magnetpole mit unveränderlichen Polstärken m und mit den bezüglichen Kegelöffnungen Φ_1 bzw. Φ_2 vorhanden sein. Dann werden die Stromstärken J_1 bzw. J_2 in den beiden Schließungsbögen bestimmt sein durch die Gleichungen (vgl. 9) S. 53)

$$23)\quad \begin{cases} J_1 \cdot W_1 = E_1 - \frac{\mu}{c^2}\frac{d(J_2 \Psi)}{dt} - \frac{\mu}{c^2}\frac{d(J_1 \Psi_1)}{dt} + \frac{d\cdot\sum m\Phi_1}{c\cdot dt} \\ J_2 \cdot W_2 = E_2 - \frac{\mu}{c^2}\frac{d(J_1 \Psi)}{dt} - \frac{\mu}{c^2}\frac{d(J_2 \Psi_2)}{dt} + \frac{d\cdot\sum m\Phi_2}{c\cdot dt}. \end{cases}$$

Multipliziert man die erste dieser Gleichungen mit $J_1\,dt$, die zweite mit $J_2\,dt$ und addiert sie, so erhält man, da unter Beachtung von 16) die in den Stromkreisen während des Zeitelements dt entwickelten Wärmemengen

$$24)\qquad dQ_1 = J_1^2 W_1\,dt, \qquad dQ_2 = J_2^2 W_2\,dt$$

sind, die Gleichung

$$\begin{aligned} dQ_1 + dQ_2 &= E_1 J_1\,dt + E_2 J_2\,dt \\ &- \frac{\mu}{c^2}[J_1 J_2\,d\Psi + J_1 \Psi\,dJ_2 + d(\tfrac{1}{2}J_1^2 \Psi_1) + \tfrac{1}{2}J_1^2\,d\Psi_1] \\ &- \frac{\mu}{c^2}[J_1 J_2\,d\Psi + J_2 \Psi\,dJ_1 + d(\tfrac{1}{2}J_2^2 \Psi_2) + \tfrac{1}{2}J_2^2\,d\Psi_2] \\ &+ \frac{1}{c}J_1\,d\sum m\Phi_1 + \frac{1}{c}J_2\,d\sum m\Phi_2, \end{aligned}$$

oder

$$25)\quad \begin{cases} dQ_1 + dQ_2 = E_1 J_1\,dt + E_2 J_2\,dt \\ \qquad - \frac{\mu}{c^2}[J_1 J_2\,d\Psi + d(J_1 J_2 \Psi) + d(\tfrac{1}{2}J_1^2 \Psi_1) + d(\tfrac{1}{2}J_2^2 \Psi_2) \\ \qquad\qquad + \tfrac{1}{2}J_1^2\,d\Psi_1 + \tfrac{1}{2}J_2^2\,d\Psi_2] \\ \qquad + \frac{1}{c}[J_1\,d\sum m\Phi_1 + J_2\,d\sum m\Phi_2]. \end{cases}$$

Nun haben wir S. 44 die Größe $-J_1 J_2 \Psi\cdot\frac{\mu}{c^2}$ als Potential der beiden Stromkreise aufeinander kennen gelernt und werden mit demselben Rechte $-\frac{1}{2}J_1^2 \Psi_1\cdot\frac{\mu}{c^2}$ und $-\frac{1}{2}J_1^2 \Psi_2\cdot\frac{\mu}{c^2}$ als Potentiale je eines der Stromkreise auf sich selbst anzusehen haben, wobei sich der

Faktor $\frac{1}{2}$ ebenso wie in Gleichung 11) erklärt. Das gesamte Potential elektrodynamischen Ursprungs wäre also

$$26)\qquad P_{ii} = -\left[J_1 J_2 \Psi + \tfrac{1}{2} J_1^2 \Psi_1 + \tfrac{1}{2} J_2^2 \Psi_2\right] \cdot \frac{\mu}{c^2}.$$

In gleichem Sinne ist nach S. 41 als Potential elektromagnetischen Ursprungs

$$27)\qquad P_{im} = \frac{1}{c}\left[J_1 \sum m\, \Phi_1 + J_2 \sum m\, \Phi_2\right],$$

zu bezeichnen, so daß sich Gleichung 25) auch schreiben ließe

$$28)\quad \left\{\begin{aligned} d Q_1 + d Q_2 = E_1 J_1 dt &+ E_2 J_2 dt \\ &- \left[J_1 J_2 d\Psi + \tfrac{1}{2} J_1^2 d\Psi_1 + \tfrac{1}{2} J_2^2 d\Psi_2\right] \frac{\mu}{c^2} \\ &+ d P_{ii} + d P_{im}. \end{aligned}\right.$$

Bringt man nun noch in Anschlag, daß die in der Zeit dt geleistete Arbeit der elektrodynamischen Kräfte, die von Strom auf Strom und zwischen den einzelnen Teilen jedes der beiden Ströme ausgeübt werden nach 15)

$$29)\qquad d A_{ii} = \left[J_1 J_2 d\Psi + \tfrac{1}{2} J_1^2 d\Psi_1 + \tfrac{1}{2} J_2^2 d\Psi_2\right] \frac{\mu}{c^2}$$

ist, die Arbeit der elektromagnetischen Kräfte aber nach 14)

$$30)\qquad d A_{im} = -\left[J_1 d\sum m\, \Phi_1 + J_2 d\sum m\, \Phi_2\right] \frac{1}{c}$$

und setzt endlich die Arbeit der magnetischen Kräfte, die Magnet auf Magnet ausübt, nach 12)

$$31)\qquad d A_{mm} = - d V_{mm},$$

so ergibt sich

$$32)\quad \left\{\begin{aligned} d Q_1 + d Q_2 + d A_{mm} + d A_{im} + d A_{ii} = E_1 J_1 dt &+ E_2 J_2 dt \\ &+ d P_{ii} - d V_{mm}. \end{aligned}\right.$$

Bezeichnet man schließlich die gesamte entwickelte Wärme kollektiv mit dQ, die gesamte abgelieferte Arbeit mit dA, andrerseits die den Stromkreisen galvanisch mittels chemischer Vorgänge zugeführte Energie mit dG, so erscheint als Energiebilanz, als Überschuß der Zufuhr über die Abgabe,

$$33)\qquad d G - (d Q + d A) = d V_{mm} - d P_{ii}.$$

Man hat sich hiernach — was übrigens der Erfinder dieses Gedankengangs, HERMANN VON HELMHOLTZ, 1847 noch nicht klar durchschaut hat — die Vorstellung zu bilden, daß die im Zeitelement galvanisch zugeführte Energie nicht allein als Wärme und mechanische Arbeit im selben Zeitelement abgegeben wird, daß vielmehr ein Teil der zugeführten Energie als sogenannte Eigenenergie des Systems aufgespeichert wird. Er wird durch ein vollständiges Differential $d(V_{mm} - P_{ii})$ dargestellt und ist auffälligerweise unabhängig von der Wechselwirkung zwischen Strömen und Magneten.

Bei dieser Auffassung erscheint es angemessen, die Funktion

34) $$V_{ii} = - P_{ii} = [J_1 J_2 \Psi + \tfrac{1}{2} J_1^2 \Psi_1 + \tfrac{1}{2} J_2^2 \Psi_2] \frac{\mu}{c^2}$$

einzuführen und sie potentielle Energie der beiden Ströme zu nennen, wie nach 13) V_{mm} potentielle Energie der Magnete zu nennen ist. Faßt man endlich noch,

35) $$V_{mm} + V_{ii} = V,$$

setzend, diese beiden potentiellen Energien zur elektromagnetischen potentiellen Energie des Systems zweier Ströme zusammen, so lautet das Ergebnis

36) $$d\,G = (d\,Q + d\,A) + d\,V$$

und besagt, daß die zugeführte Energie teils als in Form von Wärme oder in Form von mechanischer Arbeit abgegebene Energie, teils als aufgespeicherte Energie sich wiederfindet.

9. Der Wert, den die Anwendung energetischer Erwägungen für die Elektrodynamik gehabt hat, liegt vor allem darin, daß sich die fundamentalen Gesetze, nämlich die der ponderomotorischen Wirkungen zwischen Strom und Magnet, wie zwischen Strom und Strom, ferner die Gesetze der elektromotorischen Wirkungen der Induktion, endlich das Gesetz der Wärmeentwickelung und das Ohmsche Gesetz, gegenseitig stützen; denn nach den vorstehenden Untersuchungen müssen sie alle in ihren mathematischen Formulierungen für geschlossene Ströme eingeführt werden, um die Energieerhaltung bei der Bewegung zweier Stromringe darzutun. Diese mathematischen Formulierungen sind hierdurch so miteinander verknüpft, daß eine aus den übrigen bei Anerkennung des Energiegesetzes mathematisch gefolgert werden kann. Eine derartige gegenseitige Stützung der aus den Erfahrungen gefolgerten Gesetze ist hier, angesichts der Zweifel, die besonders gegen das Ampèresche Elementargesetz bestehen, von besonderem Werte, indem sie wenigstens für geschlossene Ströme die Zweifel beseitigt und für nicht geschlossene einen Weg zeigt zur Prüfung der etwa für sie vorgeschlagenen Gesetze.

Es liegt da ein Verfahren vor von allgemeiner Bedeutung. Da alle menschliche Erkenntnis aus Erfahrung nur Wahrscheinlichkeitswert hat, so ist es geboten, durch Vergrößerung der Anzahl der Beobachtungen, auf denen eine Behauptung beruht, die Zuverlässigkeit der letzteren zu erhöhen. Darin nun liegt überhaupt der Wert jeder Theorie, daß sie durch Verknüpfung verschiedener Beobachtungsgebiete und der auf ihnen gewonnenen Erkenntnisse die Wahrscheinlichkeit jeder einzelnen der verknüpften Behauptungen außerordentlich erhöht. Daß wir es für wertvoll halten, zu möglichst umfassenden, d. h. möglichst viele Einzelgebiete der Erfahrung, möglichst viele Beobachtungen, zu einem Ergebnis vereinigenden Beschreibungen der Naturvorgänge vorzudringen, hat seinen Grund in jenem Umstande: wir erhöhen die Zuverlässigkeit jedes einzelnen Schlusses, jeder einzelnen Beobachtung durch die Verknüpfung mit andern, durch die Unterordnung aller unter allgemeine Anschauungsweisen, durch die S y s t e m a t i s i e r u n g unserer Erkenntnisse. Das in dieser Richtung die Energetik besonders erfolgreich gewirkt hat, ist bekannt genug; ihre Leistung für die Elektrodynamik verdankt man schon einer frühen Zeit der Entwickelung; Helmholtzs Abhandlung ist ja unter den die Energetik begründenden Schriften eine der ersten, und auch die Elektrodynamik hatte eben erst die Erfahrungstatsachen der Induktion mathematisch formuliert, als sie bereits ihre Bestätigung aus Betrachtungen von allgemeinster Tragweite fanden.

Zweiter Abschnitt.

Das absolute Maßsystem.

Gauß und Weber.

1. Wenn man unter all den t h e o r e t i s c h e n Erwägungen über elektrodynamische Vorgänge, die im Verlaufe der letzten achtzig Jahre die Gelehrten beschäftigt haben, d i e bezeichnen sollte, von der für die t e c h n i s c h e Entfaltung der Elektrodynamik der größte Gewinn erwachsen ist, so wird kaum ein Zweifel bestehen können, welcher Theorie der Preis zuzuerteilen ist. Vom Energiegesetze mit seiner ganz allgemein technischen, nicht speziell elektrotechnischen, Bedeutung abgesehen, wird wohl allgemein nur das a b s o l u t e Maßsystem als diese größte theoretische Vorarbeit der Elektrotechnik anerkannt werden.

Maße für den elektrischen Widerstand und für die Stromstärke benutzte man selbstverständlich seit den ersten quantitativen Experimentalarbeiten über elektrodynamische Vorgänge, und mit den ersten technischen Verwendungen erwachte das Bedürfnis nach allerorts leicht herstellbaren und vergleichbaren Einheiten. Es ist bezeichnend, daß es ein Techniker war, JACOBI, der 1846 durch Versendung an alle Physiker einen Kupferdraht von bestimmter Länge und Dicke als allgemein anerkannte Widerstandseinheit einzuführen unternahm, nachdem schon früher LENZ und andere Physiker Normalwiderstände hergestellt hatten.

Weit tiefer fassen GAUSS und WEBER die Aufgabe. Wie GAUSS bereits 1833 für den Magnetismus, so bedient sich in den folgenden Jahren WILHELM WEBER absoluter Einheiten für Widerstand und Stromstärke; z. B. vergleicht er im Jahre 1844 die Leistungen magnetelektrischer Maschinen mit denen galvanischer Ketten, schon recht von elektrotechnischen Gesichtspunkten geleitet. Aber 1856 erst bringt er sein absolutes Maßsystem zu voller Ausgestaltung. Er stellt es als ein absolutes allen bisher benutzten, als relativ zu bezeichnenden Systemen gegenüber, weil es lediglich auf die für alle physikalischen Messungen fundamentalen Einheiten der Länge, Zeit und Masse gegründet ist.

WILHELM WEBER war 1804 zu Wittenberg geboren, verlor 1837 als einer der Göttinger Sieben seine Professur, lehrte 1843—1849 in Leipzig, kehrte aber dann nach Göttingen zurück, wo er 1891 starb.

2. Über den Zusammenhang, in dem die Maßeinheiten verschiedenartiger Größen miteinander stehen, verschafft man sich am besten durch die sogenannte Dimensionenrechnung Klarheit, der gerade ihr Gebrauch in der Elektrotechnik zu ihrer jetzigen Ausbreitung verholfen hat.

Man denke sich in jeder Gleichung, die zwischen gemessenen Größen besteht, z. B. in der die Geschwindigkeit c einer gleichförmigen Bewegung mit Weg s und Zeit t verknüpfenden Beziehung

37a) $$c = s : t,$$

jede der vorkommenden Größen durch Maßzahl c_z, s_z, t_z und Maßeinheit $[c]$, $[s]$, $[t]$ dargestellt

37b) $$c_z [c] = \frac{s_z}{t_z} \cdot \frac{[s]}{[t]}.$$

Diese Gleichung läßt sich zerfällen in

38a) $$c_z = k \cdot \frac{s_z}{t_z}, \qquad [c] = \frac{1}{k} \cdot \frac{[s]}{[t]},$$

wobei k eine unbenannte Zahl bedeutet, die sich so lange nicht ändert, als an denselben Einheiten festgehalten wird, also eine nur von der Wahl der Einheiten abhängige Konstante.

Wählt man im besonderen $k = 1$, so nennt man die Einheiten der in der Gleichung vorkommenden Größen zusammengehörig, eine aus der andern abgeleitet und sagt von allen auseinander abgeleiteten Einheiten, daß sie ein Maßsystem bilden. Gehören also die Einheiten der Geschwindigkeit, Länge und Zeit demselben Maßsystem an, so ist

38b) $$c_z = \frac{s_z}{t_z}, \qquad [c] = \frac{[s]}{[t]}.$$

So gehört dem cm-gr-sec-System als Geschwindigkeitseinheit an $[c]$ = cm : sec, da in diesem System $[s]$ = cm, $[t]$ = sec ist. Mißt man dagegen die Geschwindigkeit der gleichförmigen Bewegung durch die Zahl der Kilometer, die in einer Stunde zurückgelegt werden, so ist diese Einheit

$$1 \cdot [C] = \frac{1 \cdot \text{Kilometer}}{1 \cdot \text{Stunde}} = \frac{10^5 \text{ cm}}{3600 \text{ sec}} = \frac{1000}{36} [c],$$

also die oben mit k bezeichnete Konstante $k = 0{,}036$.

Von den dem cm-gr-sec-System angehörigen Einheiten sei hier noch die Einheit der Kraft erwähnt, die Dyne, gr·cm : sec^2, die der Arbeit, das Erg, gr·cm^2 : sec^2 und die des Effekts oder der Arbeit in einer Sekunde, gr·cm^2 : sec^3.

Die sogenannte technische Einheit der Kraft, nämlich die Schwerkraft eines Kilogrammstückes in Paris, gehört nicht diesem Maßsystem an, sondern ist $10^3 \cdot 981$·gr·cm : sec^2, d. i. fast 10^6 Dynen, und die technischen Einheiten des Effekts sind entweder 1 Watt = 10^7 gr·cm^2:sec^3 oder eine Pferdestärke = $75 \cdot 10^3 \cdot 981$ gr·cm^2:sec^3 = 735 Watt.

3. Die heute nach einigen Schwankungen international verabredeten elektrotechnischen Einheiten gründen sich auf das sogenannte elektromagnetische Maßsystem.

In diesem Maßsystem wird die Einheit für die Stärke eines Magnetpols, für die schon Gauss ein absolutes, d. h. also lediglich auf die Längen-, Zeit- und Masseneinheit gegründetes Maß eingeführt hatte, so gewählt, daß der Proportionalitätsfaktor des Coulombschen

Gesetzes 11) S. 10 $\mu = 1$ wird. Damit aber der Ausdruck $m_1 \cdot m_2 : r^2$ eine Kraft ergibt, muß

$$[m]^2 = \frac{\text{gr} \cdot \text{cm}}{\text{sec}^2} \cdot \text{cm}^2$$

gesetzt werden, und somit ist die Einheit der Polstärke in diesem System

39) $$[m] = \text{gr}^{\frac{1}{2}}\,\text{cm}^{\frac{3}{2}}\,\text{sec}^{-1}.$$

Ferner ergibt sich die elektromagnetische Einheit der Stromstärke, indem im BIOT-SAVARTschen Gesetze 1) S. 5 der Proportionalitätsfaktor $c = 1$ gesetzt wird. Da alsdann $J\,m\,D\,s \cdot \sin(r, D\,s) : r^2$ eine Kraft darstellen muß, so erhält $J \cdot D\,s$ dieselbe Einheit wie m, und weil $D\,s$ nach der Längeneinheit gemessen wird, folgt

40) $$[J] = \text{gr}^{\frac{1}{2}} \cdot \text{cm}^{\frac{1}{2}} \cdot \text{sec}^{-1}.$$

Daß das Quadrat dieser Einheit eine Dyne ist, entspricht dem AMPÈREschen Gesetze (vgl. S. 28), wenn $\mu = 1$ und $c = 1$ gewählt wird.

Da nach dem JOULEschen Gesetze 16) S. 65 das Produkt $J^2 \cdot W\,t$ eine Arbeit darstellt, so folgt als Einheit des Widerstands im elektromagnetischen Systeme

41) $$[W] = \frac{\text{cm}}{\text{sec}}$$

und dann nach dem OHMschen Gesetze als Einheit der elektromotorischen Kraft

42) $$[E] = [J]\,[W] = \text{gr}^{\frac{1}{2}}\,\text{cm}^{\frac{3}{2}}\,\text{sec}^{-2}.$$

Das NEUMANNsche Induktionsgesetz 8) S. 52 ist damit im Einklang und somit alle bisher benutzten Fundamentalgesetze der Elektrodynamik. Daß alle bisher eingeführten elektrodynamischen Größen hierdurch auf absolutes Maß zurückgeführt sind, ist selbstverständlich, z. B. ergibt sich nach der Formel $m : \mu\,r^2$ bei $\mu = 1$ als Einheit der magnetischen Feldstärke die der Kraft dividiert durch die der Polstärke, also

43) $$[\mathfrak{M}] = \text{gr}^{\frac{1}{2}}\,\text{cm}^{-\frac{1}{2}}\,\text{sec}^{-1}.$$

Am auffälligsten unter diesen Ergebnissen ist wohl, daß der Widerstand nach elektromagnetischem Maße durch die Geschwindigkeitseinheit gemessen wird. Diese nahe Beziehung zwischen Widerstand und Geschwindigkeit kann man sich am einfachsten an der Hand der Gleichungen 2) S. 51 und 5) S. 52 klar machen.

4. Eine gewisse Verwickelung tritt bei der Wahl der Maßeinheiten erst ein, wenn eine bisher von uns noch nicht erörterte Eigenschaft des elektrischen Stromes in den Kreis der Untersuchung gezogen wird: Die einzelnen Teile eines elektrisch durchströmten Körpers üben elektrostatische Wirkungen aus, wie man seit GALVANI und VOLTA weiß. Jedem durchströmten Volumelement kommt ein elektrostatisches Potential zu, und daß der galvanische Strom allgemein als ein Vorgang der Ausgleichung verschieden hoher elektrostatischer Potentiale angesehen wird, spricht sich deutlich in den Benennungen Stromstärke, elektromotorische Kraft, elektrischer Widerstand aus. Diese Auffassung des galvanischen Stromes findet ihre volle Berechtigung in der Erfahrung, daß die Entladung elektrisch geladener Konduktoren von allen Wirkungen des galvanischen Stromes begleitet ist, sowie in der Erfahrung, daß die Bewegung elektrisch geladener Körper bei hinreichender Geschwindigkeit dieselben Erscheinungen wie elektrische Strömung zeigt. Somit ist man veranlaßt, die Stromstärke als identisch mit einer in der Zeit 1 entladenen Elektrizitätsmenge zu definieren, also

44) $$J \cdot t = e$$

zu setzen, wenn e die in der Zeit t durch den Querschnitt des Leiters bewegte Elektrizitätsmenge darstellt.

Identisch mit diesem Ansatz ist die Behauptung, daß die elektromotorische Kraft und die elektrostatische Potentialfunktion gleichartige Größen sind. Denn sowohl das Produkt EJt stellt nach Gleichung 18) S. 66 eine Energie dar, als auch entsprechend den das magnetische Potential betreffenden Gleichungen 12) S. 64 und 43) S. 38 der Ausdruck $e^2 : \varepsilon r$ einen Energiebetrag bedeutet. Die Potentialfunktion $e : \varepsilon r$ hat also nach 44) dasselbe Maß wie E.

Man mache sich aber klar, welche mannigfaltigen, allmählich gesicherten Erfahrungsergebnisse in diesen Maßbeziehungen niedergelegt sind. Der historischen Entwickelung nach ist es keineswegs selbstverständlich, daß die Entladung von Konduktoren, die durch Reibungselektrizität geladen sind, derselbe Vorgang ist, wie er sich in einem Drahte zuträgt, der die beiden Pole einer galvanischen Batterie verbindet, oder gar derselbe Vorgang, der sich in einem Drahte abspielt, in dessen Umgebung elektrische Ströme oder Magnete bewegt werden, oder ihre Intensität ändern.

Es war wiederum FARADAY, der durch seine Experimentaluntersuchungen die Identität des von ihm entdeckten „faradischen“ mit dem altbekannten „galvanischen“ Strome und dem der Reibungselektrizität nachwies, indem er die Identität der Wirkungen zeigte. Riess bekämpfte noch 1846 trotz Webers Maßbestimmungen die Vergleichbarkeit des galvanischen Stroms mit dem reibungselektrischen, und wenn uns heute deren Identität selbstverständlich erscheint, so kommt das eben daher, daß sich die vorzüglich durch Faraday gewonnenen Erfahrungen durch die in der Vorstellungsweise des Strömens einer Flüssigkeit niedergelegten Begriffe so bequem festhalten ließen.

Das Naturgesetz ist überall nur der erste Schritt der an den Erfahrungen ansetzenden theoretischen Arbeit, ihr letztes Ziel ist eine Anschauungsweise und Begriffsbildung, die möglichst viele Naturgesetze, also erst recht möglichst viele Erfahrungen als logische, vor allem als mathematische Konsequenzen, d. h. selbstverständlich erscheinen läßt.

5. Wenn wir also jetzt, Webers Arbeiten folgend, die aus der Gleichung 44) folgenden Maßbeziehungen angeben, so ziehen wir eigentlich nur die Konsequenzen aus den Erfahrungen über die Identität der Elektrizität verschiedenen Ursprungs. Nach 44) ist im elektromagnetischen Maßsysteme

45) $$[e] = \mathrm{gr}^{\frac{1}{2}} \cdot \mathrm{cm}^{\frac{1}{2}}$$

und somit kann in dem Coulombschen Werte der elektrostatischen Kraft nach Gleichung 10) S. 9, demzufolge

$$\frac{[e]^2}{[\varepsilon]\,[r^2]} = \mathrm{gr} \cdot \mathrm{cm} \cdot \mathrm{sec}^{-2}$$

sein muß, die Konstante ε keineswegs gleich 1 gesetzt werden, wie man es nach Analogie von $\mu = 1$ und $c = 1$ erwarten könnte, vielmehr ist

46) $$[\varepsilon] = \mathrm{cm}^{-2} \cdot \mathrm{sec}^{2}$$

ein reziprokes Geschwindigkeitsquadrat.

6. Will man umgekehrt $\varepsilon = 1$ setzen, so muß man darauf verzichten, gleichzeitig $\mu = 1$ und $c = 1$ zu wählen, und erhält dann ein anderes Maßsystem. Die Wahl $\varepsilon = 1$, $c = 1$ führt auf das elektrostatische System, bei dem

47) $$[e] = \mathrm{gr}^{\frac{1}{2}} \cdot \mathrm{cm}^{\frac{3}{2}} \cdot \mathrm{sec}^{-1}$$ nach Gleichung 10) S. 9

48) $$[J] = \mathrm{gr}^{\frac{1}{2}} \cdot \mathrm{cm}^{\frac{3}{2}} \cdot \mathrm{sec}^{-2}$$ „ „ 44) S. 75

49) $[E] = \mathrm{gr}^{\frac{1}{2}} \cdot \mathrm{cm}^{\frac{1}{2}} \cdot \mathrm{sec}^{-1}$ nach Gleichung 42) S. 74

50) $[W] = \mathrm{cm}^{-1} \cdot \mathrm{sec}^{1}$ „ „ 16) S. 65

50b) $[\mathfrak{E}] = \mathrm{gr}^{\frac{1}{2}} \mathrm{cm}^{-\frac{1}{2}} \mathrm{sec}^{-1}$ „ „ 42) S. 37.

Für die Kapazität, d. h. das Verhältnis der Ladung zur Potentialfunktion eines Leiters, ergibt sich, da Potentialfunktion und elektromotorische Kraft gleiches Maß haben, als Einheit cm.

Würde man $\varepsilon = 1$, $\mu = 1$ wählen, so könnte c nicht 1 gesetzt werden, und es ergibt sich ein drittes, z. B. von Helmholtz und Hertz benutztes Maßsystem, das als Gausssches bezeichnet wird.

Überhaupt zeigt sich bei beliebig gewählten c, ε und μ, daß nach den Coulombschen Gesetzen

51) $$\left[\frac{m^2}{\mu}\right] = \mathrm{gr} \cdot \mathrm{cm}^3 \cdot \mathrm{sec}^{-2} = \left[\frac{e^2}{\varepsilon}\right]$$

sein muß, nach dem Biot-Savartschen

52) $$\left[\frac{J m}{c}\right] = \mathrm{gr} \cdot \mathrm{cm}^2 \cdot \mathrm{sec}^{-2}$$

und daher, wie auch nach dem Ampèreschen Gesetze,

53) $$\left[\frac{\mu}{c^2} J^2\right] = \mathrm{gr} \cdot \mathrm{cm} \cdot \mathrm{sec}^{-2}.$$

Ferner muß die Beziehung 44) bestehen

54) $$[e] = [J] \cdot \mathrm{sec} \quad \text{oder} \quad [e]^2 = \frac{c^2}{\mu} \mathrm{gr} \cdot \mathrm{cm},$$

während das Ohmsche und das Joulesche Gesetz liefern

55) $$[W] = \mathrm{gr} \cdot \mathrm{cm}^2 \cdot \mathrm{sec}^{-3} : [J^2], \qquad [E] = [J]\,[W].$$

7. Hierbei ergibt sich endlich, daß zwischen c, ε und μ eine von der Wahl des Maßsystems unabhängige, invariante Beziehung stattfindet. Mißt man nämlich nach irgend einem Maßsystem eine elektrische Ladung e und findet sie gleich x Einheiten

$$e^2 = x^2 \cdot \varepsilon \cdot \mathrm{gr\,cm^3\,sec^{-2}},$$

wobei also x eine unbenannte Maßzahl ist, — mißt man dann andrerseits nach irgend einem andern Maßsysteme die bei der Entladung dieser Elektrizitätsmenge in der Zeit t entstandene Stromstärke J und findet x' Einheiten für $J \cdot t$, also

$$J^2 \cdot t^2 = x'^2 \frac{c^2}{\mu} \mathrm{gr} \cdot \mathrm{cm},$$

so wird, da ja nach 44) e und Jt ein und dasselbe darstellen,

$$1 = \left(\frac{\varkappa'}{\varkappa}\right)^2 \frac{c^2}{\mu\,\varepsilon} \frac{\sec^2}{\mathrm{cm}^2},$$

oder

56a) $$\frac{c^2}{\mu\,\varepsilon} = \left(\frac{\varkappa}{\varkappa'}\right)^2 \left(\frac{\mathrm{cm}}{\sec}\right)^2.$$

Der Ausdruck $c^2 : \mu\,\varepsilon$, der hiernach die Dimension eines Geschwindigkeitsquadrates besitzt, ist zuerst 1856 von Wilhelm Weber und Rudolf Kohlrausch[1] (geb. 1809 zu Göttingen, gest. 1858 als Professor zu Erlangen) in der Weise ermittelt worden, daß eine Elektrizitätsmenge elektrostatisch und die bei ihrer Entladung erzeugte Stromstärke elektromagnetisch gemessen wurde. Es ergab sich die Invariante schon nahe gleich dem Quadrate der Lichtgeschwindigkeit, dem spätere Messungen noch näher kamen

56b) $$\frac{c^2}{\mu\cdot\varepsilon} = \left(3\cdot 10^{10}\,\frac{\mathrm{cm}}{\sec}\right)^2.$$

Hiernach ist im elektromagnetischen System ε, im elektrostatischen μ gleich $\frac{1}{9}\cdot 10^{-20} \sec^2 \mathrm{cm}^{-2}$, im Gaussschen $c = 3\cdot 10^{10}\,\mathrm{cm} : \sec$.

8. Für die Technik ist durch internationale Verabredungen eine Zusammenstellung von Maßen eingeführt worden, die aus den Maßen des elektromagnetischen Systems durch praktisch gewählte Koeffizienten hergeleitet werden können.

In diesem sogenannten praktischen Maßsystem heißt die Einheit

der Stromstärke	1 Ampere	$= 10^{-1}\,\mathrm{cm}^{\frac{1}{2}}\,\mathrm{gr}^{\frac{1}{2}}\,\sec^{-1}$
der Elektrizitätsmenge	1 Coulomb	$= 10^{-1}\,\mathrm{cm}^{\frac{1}{2}}\,\mathrm{gr}^{\frac{1}{2}}$
der elektrischen Potentialfunktion und elektromotorischen Kraft	1 Volt	$= 10^{8}\,\mathrm{cm}^{\frac{3}{2}}\,\mathrm{gr}^{\frac{1}{2}}\,\sec^{-2}$
des Widerstands	1 Ohm	$= 10^{9}\,\mathrm{cm}\,\sec^{-1}$
des Effekts	1 Watt	$= 10^{7}\,\mathrm{cm}^2\,\mathrm{gr}\,\sec^{-3}$
der Energie und des Potentials	1 Joule	$= 10^{7}\,\mathrm{cm}^2\,\mathrm{gr}\,\sec^{-2}$
des Induktionskoeffizienten	1 Quadrant	$= 10^{9}\,\mathrm{cm}$
der Kapazität	1 Farad	$= 10^{-9}\,\mathrm{cm}^{-1}\,\sec^{2}$.

[1] Ostwalds Klassiker Nr. 142, herausgegeben von Friedrich Kohlrausch.

Indes weichen die gesetzlich festgestellten Einheiten um praktisch unerhebliche Beträge von ihren soeben angegebenen theoretisch festgestellten ab. Es wird nämlich als 1 Ampere gesetzlich die Stromstärke betrachtet, die 1,118 mgr Silber in 1 Sekunde elektrochemisch abscheidet. Ebenso wird 1 Ohm gesetzlich als der Widerstand einer 1,063 m langen Quecksilbersäule von 1 mm² Querschnitt, gemessen bei 0° C, definiert, also als relative, nicht als absolute, nur auf die Einheiten der Länge, Zeit und Masse gegründete Einheit bestimmt. Diese relativen Einheiten sind ihrer bequemen und sicheren Herstellbarkeit und Kontrollierbarkeit wegen für gesetzliche Zwecke den absoluten vorgezogen worden.

Aus der Übereinstimmung zwischen dem gesetzlichen und dem durch elektromagnetisches Maß definierten Ohm ergibt sich übrigens noch der Widerstand eines Kubikzentimeters, der sogenannte spezifische Widerstand, des Qecksilbers, sowie dessen reziproker Wert, die sogenannte elektrische Leitfähigkeit λ des Quecksilbers; denn da man den Widerstand eines Drahtes von der Länge l und dem Querschnitt q durch die Formel bestimmt

$$W = \frac{l}{\lambda q},$$

so ist im elektromagnetischen Maß

57a) $$1 \text{ Ohm} = 10^9 \frac{\text{cm}}{\text{sec}} = \frac{1{,}063 \cdot 10^2 \text{ cm}}{\lambda \cdot 10^{-2} \text{ cm}^2}, \quad \lambda = 1{,}063 \cdot 10^{-5} \frac{\text{sec}}{\text{cm}^2}$$

und im elektrostatischen System ist

57b) $$1 \text{ Ohm} = \tfrac{1}{9} \cdot 10^{-11} \frac{\text{sec}}{\text{cm}} = \frac{1{,}063 \cdot 10^2 \text{ cm}}{\lambda \cdot 10^{-2} \text{ cm}^2}, \quad \lambda = 1{,}063 \cdot 9 \cdot 10^{15} \frac{1}{\text{sec}}.$$

Dritter Abschnitt.

Die Elektronenhypothese in ihrer älteren Gestalt.

Weber.

1. Wir sahen im vorangehenden Abschnitte, wie gründlich und mit welch weittragendem Erfolge es W. Weber verstanden hat, die Einheit der Elektrizität und ihre Zurückführung auf mechanische Maße zum rechnerischen Ausdrucke zu bringen. Es bleibt uns noch übrig, zu zeigen, wie er auch durch eine glücklich ersonnene Hypothese diese Einheit aller elektrischen Vorgänge und ihre Beziehungen zu Bewegungserscheinungen veranschaulicht hat.

Wenn, wie das im absoluten Maßsysteme zum Ausdruck gelangt, der elektrische Strom in einer Bewegung elektrischer Ladungen besteht, so liegt es nahe, ein Gesetz zu ersinnen, nach welchem elektrische Ladungen im bewegten Zustande aufeinander wirken, also ein Gesetz, das das alte COULOMBsche Gesetz elektrostatischer Anziehungen und Abstoßungen als speziellen Fall in sich schließt und doch auch die elektrodynamischen Anziehungen und Abstoßungen, die AMPÈRE entdeckte, mit umspannt, indem es sie alle auf dasselbe hypothetische Agens zurückführt und ihre Verschiedenheit nur in Verschiedenheiten der Bewegungszustände dieses Agens sucht.

Um zu diesem Ziele zu gelangen, bedient sich WEBER der alten dualistischen Hypothese, nach welcher der elektrische Strom in der gleichzeitigen Bewegung zweier elektrischer Fluida besteht; das positive Fluidum bewege sich in der als Richtung des Stromes bezeichneten Richtung durch den Querschnitt des Drahtes und gleichzeitig bewege sich ebensoviel negatives Fluidum in entgegengesetzter Richtung.

Bezeichnet man mit e die auf dem Längenelement Ds der Strombahn befindliche, gleichmäßig verteilte, positive Elektrizitätsmenge und denkt sich diese in Stromrichtung mit der Geschwindigkeit v bewegt, so tritt in der Zeit 1 die Elektrizitätsmenge $e \cdot v : Ds$ in positiver und gleichzeitig $- e \cdot v : Ds$ in negativer Richtung durch jeden Querschnitt des Stromleiters. Daher ist die Stromstärke

$$J = \frac{2ev}{Ds}$$

zu setzen und

58) $$e = \frac{J \cdot Ds}{2v}.$$

Nun glückte WEBER 1846 die Hypothese, daß die Kraft K, die zwei im Abstande r voneinander befindliche Elektrizitätsmengen e_1 und e_2 aufeinander ausüben, gleich sei

59) $$K = \frac{e_1 e_2}{\varepsilon r^2}\left\{1 - \frac{\varepsilon \mu}{2c^2}(r'^2 - 2rr'')\right\} = e_1 \cdot e_2 \left\{\frac{1}{\varepsilon r^2} + \frac{2\mu}{c^2 \sqrt{r}} \frac{d^2 \sqrt{r}}{dt^2}\right\}.$$

Dabei sollen mit r' und r'' die ersten und zweiten Differentialquotienten von r nach der Zeit bezeichnet sein. Außerdem ist festzustellen, daß diese Kraft abstoßend zwischen den Elektrizitätsmengen e_1 und e_2 wirkt, wenn sich ihr Zahlwert positiv ergibt, negatives Vorzeichen aber Anziehung bedeutet.

In dem Fall relativ ruhender Ladungen e_1 und e_2 geht offenbar dieses WEBERsche Gesetz in das COULOMBsche über.

2. In dem Falle ferner, daß sich e_1 und e_2 in ein und derselben Geraden mit den Geschwindigkeiten v_1 und v_2 bewegen, ist

$$r = r_0 + (v_2 - v_1) \cdot t$$

zu setzen, wenn mit r_0 der zur Zeit $t = 0$ beobachtete Abstand beider Elektrizitätsmengen bezeichnet wird. Zwei Stromelemente also üben, wenn die Stromstärken mit

60) $$J_1 = \frac{2\, e_1\, v_1}{D\, s_1}, \qquad J_2 = \frac{2\, e_2\, v_2}{D\, s_2}$$

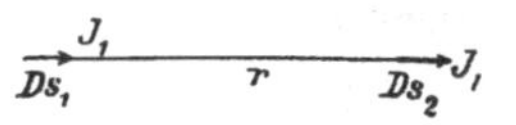

Fig. 23.

bezeichnet werden, zur Zeit $t = 0$ die folgenden vier Kräfte aufeinander aus:

61) $$\left\{\begin{aligned} K^{+e_1}_{+e_2} &= + \frac{J_1\, D\, s_1 \cdot J_2\, D\, s_2}{4\, v_1\, v_2 \cdot \varepsilon\, r_0^2} \left\{1 - \frac{\varepsilon \mu}{c^2}\, \frac{(v_2 - v_1)^2}{2}\right\} \\ K^{-e_1}_{+e_2} &= - \frac{J_1\, D\, s_1 \cdot J_2\, D\, s_2}{4\, v_1\, r_2 \cdot \varepsilon\, r_0^2} \left\{1 - \frac{\varepsilon \mu}{c^2}\, \frac{(v_2 + v_1)^2}{2}\right\} \\ K^{+e_1}_{-e_2} &= - \frac{J_1\, D\, s_1 \cdot J_2\, D\, s_2}{4\, v_1\, v_2 \cdot \varepsilon\, r_0^2} \left\{1 - \frac{\varepsilon \mu}{c^2}\, \frac{(v_2 + v_1)^2}{2}\right\} \\ K^{-e_1}_{-e_2} &= + \frac{J_1\, D\, s_1 \cdot J_2\, D\, s_2}{4\, v_1\, v_2 \cdot \varepsilon\, r_0^2} \left\{1 - \frac{\varepsilon \mu}{c^2}\, \frac{(r_2 - v_1)^2}{2}\right\}. \end{aligned}\right.$$

Die Summe dieser vier Kräfte ist die Abstoßung

62a) $$K = \frac{J_1\, D\, s_1 \cdot J_2\, D\, s_2}{4\, v_1\, v_2 \cdot \varepsilon\, r_0^2} \cdot \frac{8\, v_1\, v_2}{2} \cdot \frac{\varepsilon \mu}{c^2},$$

die mit der aus dem Ampèreschen Gesetze 9) S. 28 für diesen Fall folgenden

62b) $$K = \frac{J_1\, D\, s_1 \cdot J_2\, D\, s_2}{r_0^2}\, \frac{\mu}{c^2}$$

übereinstimmt.

3. Wir behandeln ferner den Fall zweier Stromelemente, die senkrecht zu ihrer Verbindungslinie r_0 von Strömen J_1 bzw. J_2 durchflossen werden. Es ist dann

$$r^2 = r_0^2 + (v_2 - v_1)^2 t^2$$

$$r' = \frac{(v_2 - v_1)^2\, t}{r}, \quad r'' = \frac{(v_2 - v_1)^2}{r} - \frac{(v_2 - v_1)^2\, t\, r'}{r^2}$$

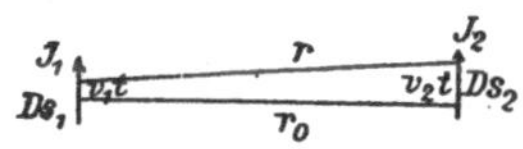

Fig. 24.

also zur Zeit $t = 0$

$$r' = 0, \qquad r'' = \frac{(v_2 - v_1)^2}{r_0},$$

somit

63) $$K^{+e_1}_{+e_2} = + \frac{J_1\, D s_1 \cdot J_2\, D s_2}{4\, v_1\, v_2 \cdot \varepsilon\, r_0^2} \left\{ 1 + \frac{(v_2 - v_1)^2}{c^2}\, \varepsilon\, \mu \right\},$$

wenn wieder wie in 60) die auf den Stromelementen $D s_1$ und $D s_2$ befindlichen Elektrizitätsmengen $e_1\, e_2$ durch die Stromstärken $J_1\, J_2$ ausgedrückt werden. Stellt man in entsprechender Weise die Kräfte dar, die $- e_1$ auf $+ e_2$, $+ e_1$ auf $- e_2$, und $- e_1$ auf $- e_2$ ausüben, so ergibt sich als deren Resultante

64a) $$K = \frac{J_1\, D s_1 \cdot J_2\, D s_2}{4\, v_1\, v_2 \cdot \varepsilon\, r_0^2} \cdot \frac{-8\, v_1\, v_2}{c^2}\, \varepsilon\, \mu$$

und das ist wieder mit dem aus dem Ampèreschen Gesetze für den Fall, daß Winkel $(D s_1\, D s_2) = 0$, $\vartheta_1 = \vartheta_2 = 90^0$, folgenden Werte

64b) $$K = -\, 2\, \frac{J_1\, D s_1 \cdot J_2\, D s_2}{r_0^2}\, \frac{\mu}{c^2},$$

dessen Vorzeichen Anziehung anzeigt, in Übereinstimmung.

4. Wir verlassen jetzt die Behandlung besonderer Fälle, die offenbar W. Weber zu seinem Gesetze hingeleitet haben, und setzen nun die beiden Stromelemente in beliebiger relativer Lage voraus. Dann ist r eine Funktion der auf den Strombahnen gemessenen Bogenlängen s_1 und s_2 und der Zeit t, sofern sie in den die Lage und Gestalt der Strombahnen bestimmenden Koordinaten enthalten ist. Die nach Webers Hypothese zu betrachtende Bewegung der Elektrizitätsmengen $e_1\, e_2$ ist nämlich teils eine sichtbare Bewegung, da ja die Elektrizität an der Bewegung des ponderablen Leiters, den sie durchströmt, teilnimmt, teils eine verborgene Bewegung, insofern die Elektrizität sich im Leiter von Bogenelement zu Bogenelement strömend zu bewegen vermag. Daher ist

65a) $$\frac{d\sqrt{r}}{d t} = \frac{\partial \sqrt{r}}{\partial s_1} \cdot s_1' + \frac{\partial \sqrt{r}}{\partial s_2} \cdot s_2' + \frac{\partial \sqrt{r}}{\partial t},$$

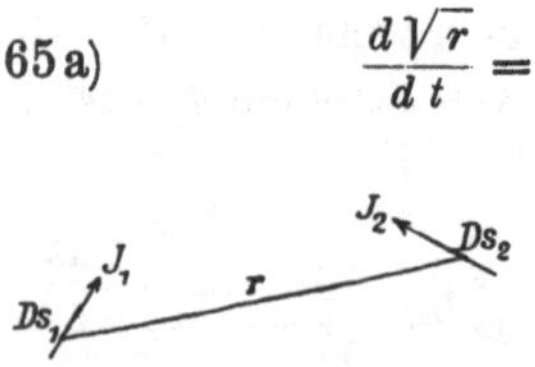

Fig. 25.

und wenn die Elektrizität in den Strombahnen die Geschwindigkeit v_1 und v_2 besitzt, so gilt für sie

65b) $$\frac{d\sqrt{r}}{d t} = \frac{\partial \sqrt{r}}{\partial s_1} \cdot v_1 + \frac{\partial \sqrt{r}}{\partial s_2} \cdot v_2 + \frac{\partial \sqrt{r}}{\partial t}.$$

Nochmaliges Differentiieren ergibt

$$66)\quad \begin{cases} \dfrac{d^2\sqrt{r}}{dt^2} = \dfrac{\partial^2\sqrt{r}}{\partial s_1^2}\cdot v_1^2 + \dfrac{\partial^2\sqrt{r}}{\partial s_2^2}\cdot v_2^2 + \dfrac{2\,\partial^2\sqrt{r}}{\partial s_1\cdot\partial t}\cdot v_1 + \dfrac{2\,\partial^2\sqrt{r}}{\partial s_2\cdot d t}\cdot v_2 + \dfrac{\partial^2\sqrt{r}}{d t^2} \\ \qquad + 2\dfrac{\partial^2\sqrt{r}}{\partial s_1\cdot\partial s_2}\cdot v_1 v_2 + \dfrac{\partial\sqrt{r}}{\partial s_1}\cdot v_1' + \dfrac{\partial\sqrt{r}}{\partial s_2}\cdot v_2', \end{cases}$$

so daß sich die von $+e_1$ auf $+e_2$ ausgeübte Kraft nach 59) unter Berücksichtigung von 58) angeben läßt. Schreibt man ebenso die von $-e_1$ auf $+e_2$ ausgeübte Kraft an, für die sowohl das Vorzeichen vor der Klammer, als auch die Vorzeichen dreier Glieder in 66) entgegengesetzt ausfallen, so ergibt sich als die gesamte auf $+e_2$ ausgeübte Kraft durch Addition

$$67\text{a})\quad \begin{cases} K_{+e_2} = \dfrac{J_1 D s_1\cdot J_2 D s_2}{4 v_1 v_2}\,\dfrac{2\mu}{c^2\sqrt{r}}\,2\left\{2\dfrac{\partial^2\sqrt{r}}{\partial s_1\cdot\partial t}\cdot v_1\right. \\ \qquad\qquad \left. + 2\dfrac{\partial^2\sqrt{r}}{\partial s_1\cdot\partial s_2}\cdot v_1 v_2 + \dfrac{\partial\sqrt{r}}{\partial s_1} v_1'\right\}. \end{cases}$$

Man bemerkt hier zunächst, daß diese Kraft verschwindet, wenn $v_1 = 0$, also in einem der Leiter die Elektrizitäten ruhen. Weiter ergibt sich die auf $-e_2$, das mit der Geschwindigkeit $-v_2$ sich bewegt, ausgeübte Kraft zu

$$67\text{b})\quad \begin{cases} K_{-e_2} = -\dfrac{J_1 D s_1\cdot J_2 D s_2}{4 v_1 v_2}\,\dfrac{2\mu}{c^2\sqrt{r}}\,2\left\{2\dfrac{\partial^2\sqrt{r}}{\partial s_1\,\partial t}\, v_1\right. \\ \qquad\qquad \left. - 2\dfrac{\partial^2\sqrt{r}}{\partial s_1\,\partial s_2}\cdot v_1 v_2 + \dfrac{\partial\sqrt{r}}{\partial s_1} v_1'\right\} \end{cases}$$

und die Gesamtkraft findet sich durch Addition

$$68)\quad \begin{cases} K = \dfrac{J_1 D s_1\cdot J_2 D s_2}{4 v_1 v_2}\,\dfrac{2\mu}{c^2\sqrt{r}}\,8\dfrac{\partial^2\sqrt{r}}{\partial s_1\cdot\partial s_2}\, v_1 v_2 \\ \quad = 4 J_1 D s_1\cdot J_2 D s_2 \dfrac{1}{\sqrt{r}}\,\dfrac{\partial^2\sqrt{r}}{\partial s_1\cdot\partial s_2}\cdot\dfrac{\mu}{c^2} \end{cases}$$

wie nach dem Ampèreschen Gesetze 21) S. 32.

5. Ebenso wie das Gesetz der ponderomotorischen Wirkungen zweier Ströme aufeinander, gelingt es auch, das Induktionsgesetz aus Webers Hypothesen zu folgern.

Denken wir uns zunächst die Elektrizitätsmengen $+e_2$ und $-e_2$ ruhend im Leiterelemente $D s_2$. In relative Bewegung längs der Strombahn, wie sie den elektrischen Strom charakterisiert, geraten diese Elektrizitätsmengen offenbar nur, wenn die auf sie ausgeübten Kräfte verschiedene Komponenten nach Richtung des Leiterelements

6*

$D s_2$ liefern. Da nun diese Kräfte nach Richtung der Verbindungslinie r beider Stromelemente wirken, so wird man nach WEBER auf die Annahme geführt, die elektromotorische Kraft, die der Stromkreis 1 auf den Stromkreis 2 ausübt, zu setzen

69) $$\begin{cases} J_2 W_2 = \sum\limits_1 \sum\limits_2 D s_2 \dfrac{K_{+e_2} - K_{-e_2}}{2 e_2} \cos \vartheta_2 \\ \quad = \sum\limits_1 \sum\limits_2 \dfrac{J_1 D s_1 \cdot D s_2}{v_1} \dfrac{\mu}{c^2 \sqrt{r}} 2 \left\{ 2 \dfrac{\partial^2 \sqrt{r}}{\partial s_1 \partial t} v_1 + \dfrac{\partial \sqrt{r}}{\partial s_1} v_1' \right\} \cos \vartheta_2 . \end{cases}$$

Hierbei stellt W_2 den Widerstand des Stromkreises 2 dar. Bedenkt man jetzt, daß nach 19) S. 32

70) $$\frac{1}{\sqrt{r}} \cos \vartheta_2 = 2 \frac{d \sqrt{r}}{d r} \frac{\partial r}{\partial s_2} = 2 \frac{\partial \sqrt{r}}{\partial s_2},$$

und daß $J_1 : v_1 = J_1' : v_1'$, so erhält man

71) $$J_2 W_2 = \sum_1 \sum_2 D s_1 \cdot D s_2 \frac{4 \mu}{c^2} \left\{ 2 \frac{\partial^2 \sqrt{r}}{\partial s_1 d t} \frac{\partial \sqrt{r}}{\partial s_2} J_1 + \frac{\partial \sqrt{r}}{\partial s_1} \frac{\partial \sqrt{r}}{\partial s_2} J_1' \right\} .$$

Das erste Glied in der Klammer läßt sich umgestalten zufolge der identischen Gleichung

72) $$\begin{cases} 2 \dfrac{\partial^2 \sqrt{r}}{\partial s_1 \cdot d t} \dfrac{\partial \sqrt{r}}{\partial s_2} = \dfrac{\partial}{\partial t} \left(\dfrac{\partial \sqrt{r}}{\partial s_1} \dfrac{\partial \sqrt{r}}{\partial s_2} \right) \\ \qquad + \dfrac{\partial}{\partial s_1} \left(\dfrac{\partial \sqrt{r}}{\partial s_2} \dfrac{\partial \sqrt{r}}{\partial t} \right) - \dfrac{\partial}{\partial s_2} \left(\dfrac{\partial \sqrt{r}}{\partial s_1} \dfrac{\partial \sqrt{r}}{d t} \right), \end{cases}$$

und die Integration über beide Stromkreise liefert

73) $$\begin{cases} J_2 W_2 = \sum\limits_1 \sum\limits_2 4 \dfrac{\mu}{c^2} D s_1 \cdot D s_2 \left\{ \dfrac{\partial}{\partial t} \left(\dfrac{\partial \sqrt{r}}{\partial s_1} \dfrac{\partial \sqrt{r}}{\partial s_2} \right) J_1 + \dfrac{\partial \sqrt{r}}{\partial s_1} \dfrac{\partial \sqrt{r}}{\partial s_2} J_1' \right\} \\ \quad = \dfrac{d}{d t} \sum\limits_1 \sum\limits_2 4 \dfrac{\mu}{c^2} D s_1 \cdot D s_2 \dfrac{\partial \sqrt{r}}{\partial s_1} \dfrac{\partial \sqrt{r}}{\partial s_2} J_1 . \end{cases}$$

Führt man jetzt das Potential P^1 ein, das beide Stromkreise in dem Fall, daß der Strom, der den zweiten durchfließt, die Stärke 1 hat, aufeinander ausüben, so ergibt sich nach Gleichung 68) S. 46

74) $$J_2 W_2 = \frac{d P^1}{d t},$$

wie es dem Induktionsgesetze 8) S. 53 entspricht.

6. Nimmt man zu alledem noch hinzu, daß nach der AMPÈREschen Hypothese (S. 22) auch die Erscheinungen, die m a g n e t i s c h e

Körper zeigen, und nach der WEBERschen (S. 56) auch die diamagnetische Polarität auf Stromwirkungen zurückgeführt werden können, so muß man zugeben, daß das WEBERsche Gesetz wohl den Anspruch eines alle elektrodynamischen und elektrostatischen Erscheinungen umspannenden Naturgesetzes erheben konnte. Es führt alle elektrischen und magnetischen Erscheinungen auf zwei hypothetische Stoffe, auf die positive und die negative Elektrizität, zurück, die den von Leitern der Elektrizität eingenommenen Raum erfüllen und deren Teile Zentralkräfte aufeinander ausüben, die von der Relativbewegung dieser Teile abhängig sind.

7. Daß diese hypothetischen Stoffe den Raum nicht stetig erfüllen, sondern atomistisch konstituiert sind, nimmt WEBER nach Analogie der ponderablen Materie als selbstverständlich an. Auch lagen bereits zu seiner Zeit Erfahrungen vor, die die Annahme atomistischer Konstitution hinreichend begründeten.

In den Jahren 1833 und 1834 hatte FARADAY den chemischen Wirkungen des elektrischen Stromes eine Reihe seiner großen Experimentaluntersuchungen zugewendet. Geht der elektrische Strom durch eine Flüssigkeit, die er chemisch zu zersetzen vermag, durch einen Elektrolyten, so scheidet sich einer der chemischen Bestandteile, das Anion, an der Anode, d. h. an der Stelle ab, wo der Strom in die Flüssigkeit eintritt, während der andere Bestandteil, das Kation, an der Austrittsstelle des Stromes, der Kathode, erscheint. Die chemisch abgeschiedenen Mengen aber stehen mit der durch den Elektrolyten hindurchgegangenen Elektrizitätsmenge in einem durch ihre chemische Natur bestimmten, unveränderlichen Verhältnis: Der Strom 1 $cm^{\frac{1}{2}}\,gr^{\frac{1}{2}} : sec = 10$ Ampere scheidet von einem Stoffe, dessen chemisches Äquivalentgewicht (d. h. Atomgewicht : Wertigkeit) a ist, in der Sekunde $a \cdot 0{,}000\,1036$ gr ab, zersetzt also z. B. 0,000 933 gr Wasser oder scheidet 0,0118 gr Silber ab. Diesem FARADAYschen Beobachtungsergebnis zufolge verlaufen demnach die Erscheinungen so, als wäre das Grammäquivalent jedes Stoffes ein für allemal mit $1 : 0{,}000\,1036 = 9654$ Einheiten der elektrischen Ladung oder mit 96 540 Coulomb verbunden, mit andern Worten, als wäre 1 gr jedes Stoffes verbunden mit $96540 : a$ Coulomb.

8. Diese Tatsachen finden offenbar eine sehr ansprechende Beschreibung in der Vorstellungsweise, daß die Elektrizitäten ebenso wie nach gemeiner Ansicht die ponderabeln Stoffe atomistisch aufgebaut sind und jedes Atom eines ponderablen Stoffes nur mit einer

bestimmten Anzahl von Elektrizitätsatomen verbunden, gleichsam mit ihnen chemisch verbunden auftreten könne. Ob man dabei die Elektrizitäten sich wirklich dualistisch vorstellt, wie es WEBER tat, oder sie unitarisch durch einen Stoff ersetzt, oder endlich zwar zwei Stoffe annimmt, den einen aber sich für immer, auch bei metallischer Leitung mit den ponderablen Kernen vereinigt, während des Strömens bei ihnen ruhend, denkt, — ist eine Nebenfrage. Jedenfalls darf WEBER als Begründer der Ansicht betrachtet werden, die den ponderabeln Atomen elektrische Ladungen als wesentliche Attribute beilegt und die Elektrizität atomistisch voraussetzt, — einer Ansicht, die, wie wir sehen werden, in neuerer Zeit sich sehr allgemeine Geltung verschafft hat, nachdem sie jahrzehntelang von den FARADAY-MAXWELLschen Anschauungen zurückgedrängt worden war. Die kleinsten selbständigen Teile der Elektrizität hat man neuerdings Elektronen genannt; bei WEBER sind diese Elektronen dem Wesen, wenn auch nicht dem Namen nach schon vorhanden, ja sie finden ihre kräftigste Stütze in den elektrochemischen Forschungen desselben FARADAY, dessen auf die elektrischen Fernwirkungen bezügliche theoretische Anschauungen die Elektronentheorie so lange zurückhielten.

9. Noch in einer andern Richtung hat das WEBERsche Gesetz Ausblicke eröffnet und die jetzt gültigen Anschauungen in gewissem Sinne vorbereitet. WEBER hat bereits ein Potential für die von ihm angenommene Kraft gefunden, nämlich

75) $$\frac{e_1 e_2}{\varepsilon r}\left(1 - \frac{\varepsilon \mu}{2 c^2} r'^2\right)$$

und CARL NEUMANN gab, indem er den Begriff des Potentials für den hier vorliegenden Fall, daß es nicht von der Lage allein abhängt, anders faßte als WEBER, nämlich auf Grund des HAMILTONschen Prinzips ihn allgemeiner konstruierte, als Potential der WEBERschen Kraft die Funktion an:

76) $$\frac{e_1 e_2}{\varepsilon r}\left(1 + \frac{\mu}{2 c^2} r'^2\right).$$

Nun bemerkte C. NEUMANN, daß dieser Wert des Potentials sich auch ergibt, wenn man annimmt, daß von jedem Elektron ein Antrieb zur Erzeugung eines Potentials NEWTONscher Art $e_1 e_2 : \varepsilon r$ ausgeht und sich mit der Geschwindigkeit $\frac{c\sqrt{2}}{\sqrt{\varepsilon \mu}} = 4{,}2 \cdot 10^{10}$ cm:sec durch den Raum fortpflanzt. Nur wenn sowohl das aussendende, wie das empfangende Elektron ruhen, wird das NEWTONsche Potential $e_1 e_2 : \varepsilon r$ am Orte des letzteren erregt; bewegen sich die Elektronen, so hängt es vom Verhältnis der Geschwindigkeit, mit der ihr Abstand sich ändert, zur Fortpflanzungsgeschwindigkeit $c\sqrt{2} : \sqrt{\varepsilon\mu}$ ab, welcher Betrag als Potentialwert aufgefangen wird.

Diese Betrachtungsweise im einzelnen zu verfolgen, liegt jetzt keine Veranlassung vor, da die gegenwärtige Art, sich die Fortpflanzung der elektrischen Kraft vorzustellen, auf andern Grundlagen ruht. Aber daß auch die ältere Elektronentheorie, wie sie WEBER ersonnen, zu einer Art Fortpflanzung der Kraft, diesem charakteristischen Zuge der MAXWELLschen Theorie, zu führen vermag und als Geschwindigkeit der Fortpflanzung eine von der Lichtgeschwindigkeit abhängige Zahl liefert, mußte an dieser Stelle hervorgehoben werden. Wie WEBER und C. NEUMANN haben auch KIRCHHOFF, RIEMANN, L. LORENZ diesem Gedanken zu derselben Zeit, ja zum Teil früher nachgespürt, als von FARADAYschen Gesichtspunkten ausgehend MAXWELL zu ihm gelangte.

Auch die Einwände, die besonders von HELMHOLTZ gegen die WEBERschen Grundanschauungen geltend gemacht wurden, können jetzt, nachdem aus ganz andern Anlässen diese Anschauungen verlassen worden sind, an dieser Stelle übergangen werden.

Vierter Abschnitt.

Die Strömung, besonders in körperlichen Leitern.

Kirchhoff.

1. Bis hierher haben wir den elektrischen Strom als einen im Leitungsdrahte sich abspielenden, also im wesentlichen linear verlaufenden Vorgang betrachten können. Diese Auffassung ist aber unzulänglich. Erstens gibt es Strömungsvorgänge genug, bei denen keine Dimension des durchströmten Körpers überwiegt, und es bedarf also einer Untersuchung darüber, ob und aus welchen Gründen auch in solchen Fällen eine Zurückführung auf lineare Ströme zulässig ist. Weiter aber ist durch FARADAYS Ansicht, daß die Umgebung elektrischer Ströme sich in einem eigenartigen elektrotonischen Zustande befindet, die alte NEWTON-AMPÈREsche Anschauungsweise erschüttert worden, nach welcher jede elektrodynamische Wirkung in der Umgebung eines durchströmten Leiters etwas Sekundäres sei, das auf den Leiter als Ursache zurückbezogen werden müsse; es entwickelte sich die Idee, daß dieselbe Ursache, die eine Durchströmung des Leiters zur Folge hat, auch ebenso unmittelbar das umgebende Feld beeinflußt, wie sie die Teile des Leiters erregt, ja daß schließlich sogar das umgebende Feld es sei, in dem sich die eigentliche Veränderung zuträgt und der Leiter eine sekundäre Rolle spielt. In der Tat ist es ja im einfachsten Falle eines ruhenden elektrisch geladenen Leiters die Umgebung, in der einzig und allein Wirkungen zu beobachten sind, während sich im Leiter keine Veränderung zuträgt. So werden wir uns denn in den nächsten Teilen des Buches ausführlich mit der Beschreibung der Zustände in dem die Leiter umgebenden Raume zu befassen haben.

Was aber zunächst die Durchströmung beliebig gestalteter körperlicher Leiter anlangt, so hat Franz Neumann diese Aufgabe klar erkannt, sie z. B. in seiner Arbeit von 1845 über induzierte elektrische Ströme ausgesprochen, und in seiner Schule gelang es Kirchhoff, die Übertragung der älteren, an vorwiegend linearen Leitern entwickelten Anschauungen auf Leiter, bei denen keine Dimension vorherrscht, mathematisch durchzuführen.

2. Aus der Elektrostatik ist bekannt, daß in einem Leiter kein elektrischer Strom vorhanden ist, wenn die elektrische Potentialfunktion in allen Punkten des Leiters denselben Wert besitzt. Jede elektrische Ladung e, die an der Stelle P des Raumes ruht, bringt einen Beitrag $e : \varepsilon r$ zu dem Werte, den die elektrische Potentialfunktion im Punkte P_0 besitzt, falls r die Strecke $P P_0$ bezeichnet. Demgemäß ist $\sum(e : \varepsilon r)$ der Wert der elektrischen Potentialfunktion im Punkte P_0 und $\mathrm{gr}^{\frac{1}{2}}\,\mathrm{cm}^{\frac{3}{2}}\,\mathrm{sec}^{-2}$, das Maß der elektromotorischen Kraft, auch ihr elektromagnetisches Maß, wie bereits S. 75 bemerkt wurde.

Da man die negativen Differentialquotienten der elektrischen Potentialfunktion nach x, y, z als die drei Komponenten eines Vektors, der elektrischen Feldintensität, betrachtet (vgl. S. 9 u. S. 37), so daß die letztere nichts anderes darstellt, als das Gefälle der Potentialfunktion, so verschwindet im elektrostatischen Zustande in jedem Punkte eines Leiters die elektrische Feldintensität.

Nun entspricht es dem von Ohm für lineare Ströme aufgestellten Gesetze, wenn man, geleitet durch die für elektrostatische Zustände gültigen Erwägungen, die Annahme macht, daß die Strömung, d. h. die Stromstärke pro Querschnittseinheit, ein Vektor i sei, der der elektrischen Feldintensität proportional und gleichgerichtet ist, so daß die Strömungskomponenten im Punkte $(x|y|z)$ nach den Koordinatenrichtungen sind

$$77a)\qquad i_x = -\lambda\frac{\partial\varphi}{\partial x},\qquad i_y = -\lambda\frac{\partial\varphi}{\partial y},\qquad i_z = -\lambda\frac{\partial\varphi}{\partial z},$$

wobei φ die elektrische Potentialfunktion im Punkte (xyz), also eine überall stetige Funktion der Koordinaten, darstellt und λ die elektrische Leitfähigkeit dieser Stelle. Sind

$$77b)\qquad \mathfrak{E}_x = -\frac{\partial\varphi}{\partial x},\qquad \mathfrak{E}_y = -\frac{\partial\varphi}{\partial y},\qquad \mathfrak{E}_z = -\frac{\partial\varphi}{\partial z},$$

die Komponenten der elektrischen Feldintensität an dieser Stelle, so ist auch

$$77c)\qquad i_x = \lambda\cdot\mathfrak{E}_x,\qquad i_y = \lambda\cdot\mathfrak{E}_y,\qquad i_z = \lambda\cdot\mathfrak{E}_z.$$

Diese Gleichungen gelten für alle Stellen in den Leitern, ausgenommen die, an denen aus thermischen oder chemischen Ursachen stammende elektromotorische Eigenkräfte, sogenannte eingeprägte Feldstärken $-\mathfrak{E}_x$, $-\mathfrak{E}_y$, $-\mathfrak{E}_z$ wirken. An solchen Stellen ist

$$78a)\qquad i_x = \lambda(\mathfrak{E}_x - \mathfrak{E}_x^*),\quad i_y = \lambda(\mathfrak{E}_y - \mathfrak{E}_y^*),\quad i_z = \lambda(\mathfrak{E}_z - \mathfrak{E}_z^*),$$

also auch

$$78b)\quad i_x = -\lambda\frac{\partial\varphi}{\partial x} - \lambda\mathfrak{E}_x^*,\quad i_y = -\lambda\frac{\partial\varphi}{\partial y} - \lambda\mathfrak{E}_y^*,\quad i_z = -\lambda\frac{\partial\varphi}{\partial z} - \lambda\mathfrak{E}_z^*,$$

und diese Ansätze umfassen die Gleichungen 77a) und 77c) als besondere Fälle.

Die „eingeprägten", d. h. durch nicht dem betrachteten Systeme angehörige Ursachen in ihm erzwungenen, ihm aufgezwungenen Feldstärken, finden sich allerdings bei Kirchhoff noch nicht, der vielmehr φ als eine an den Stellen solcher Einwirkungen unstetige Funktion auffaßt. Sie haben sich erst in den letzten Jahrzehnten, vorzüglich durch Heaviside, eingebürgert und haben sich wertvoll erwiesen, weil sie es ermöglichen, Kräfte thermoelektrischer und chemischer Natur, nach Befinden auch andere, in die Rechnung einzubeziehen, ohne auf ihren Ursprung eingehen zu müssen. Sie leisten also dasselbe, wie die äußeren Kräfte in der Mechanik, die ja auch ein System von einem andern abgetrennt zu betrachten gestatten, während sie wegfallen, wenn man die beiden Systeme, die sich in „Koppelung" befinden, d. h. aufeinander wirken, zu einem System vereinigt.

3. Aus dem KIRCHHOFFschen Ansatze folgt zunächst für einen linearen Leiter, dessen Bogenlänge mit s bezeichnet wird, das OHMsche Gesetz. Die Strömung i wird nämlich

$$79)\qquad i = -\lambda \frac{\partial \varphi}{\partial s} - \lambda \mathfrak{E}_s^*,$$

wenn $\mathfrak{E}_s^*$ die an der Stelle s vorhandene aufgezwungene elektromotorische Kraft bedeutet. Die Stromstärke J findet sich

$$80)\qquad J = -\lambda q \frac{\partial \varphi}{\partial s} - \lambda q \mathfrak{E}_s^*,$$

wobei q den Querschnitt bezeichnet. Diese Stromstärke ist es, die während des stationären Strömungszustandes in allen Punkten eines einfachen Schließungsbogens denselben Wert besitzen muß, da ja sonst nicht an allen Stellen Zu- und Abfluß sich ausgleichen und daher zufolge Gleichung 44) S. 75 die elektrische Ladung unverändert bleiben könnte. Aus demselben Grunde muß die Summe aller in einem Verzweigungspunkte eines linearen Leitersystems zusammentreffenden Stromstärken verschwinden:

$$81)\qquad \sum J = 0.$$

Wenn aber in allen Teilen eines Leiterstücks von der Länge s, an dessen Anfangs- und Endquerschnitt die Potentialfunktionen φ_1 und φ_2 herrschen, die Stromstärke ein und denselben Wert besitzt, so kann ihr nur der Wert

$$82)\qquad J = \frac{\lambda q}{s}(\varphi_1 - \varphi_2) - \frac{\lambda q}{s}\int_1^2 \mathfrak{E}_s \cdot Ds$$

zukommen, vorausgesetzt, daß sich Querschnitt und Leitfähigkeit auf der Strecke s nicht ändern. Da $s:\lambda q$ als elektrischer Widerstand des Leiterstücks s bezeichnet wird, so spricht Gleichung 82) das OHMsche Gesetz aus, wenn

$$83)\qquad E = -\int_1^2 \mathfrak{E}_s^* \cdot Ds$$

als die elektromotorische Eigenkraft des Leiterstücks 1, 2 eingeführt wird, und aus der Stetigkeit der Funktion φ folgt, daß für jeden geschlossenen Umlauf in einem Systeme linearer Leiter das erste Glied der rechten Seite verschwindet, also

$$84)\qquad \sum J W = \sum E$$

wird. Die Gleichungen 81) und 84) enthalten die KIRCHHOFFschen Sätze für verzweigte lineare Stromsysteme.

4. Aber nicht nur mit dem OHMschen Gesetze ist der Ansatz 77) im Einklang, auch die Analogie mit den Gesetzen der Wärmeleitung legt ihn nahe und vor allem die Ansicht, daß die Elektrizität stofflicher Natur sei und sich den Gesetzen der Flüssigkeiten gemäß bewegt. Aus dieser Ansicht ergeben sich noch folgende Beziehungen.

Hat die Strömung im Punkte $(x|y|z)$ eines ruhenden Leiters die Komponenten i_x, i_y, i_z, so wird in der Zeit 1 im Volumelemente $Dk = Dx \cdot Dy \cdot Dz$ der Betrag

$$-\left(\frac{\partial i_x}{\partial x} + \frac{\partial i_y}{\partial y} + \frac{\partial i_z}{\partial z}\right) \cdot Dk$$

an elektrischer Materie angesammelt, wie man auf die aus der Hydraulik bekannten Weise findet, wenn man mittels des TAYLORschen Satzes die durch die sechs Begrenzungsflächen des Parallelepipeds $Dx \cdot Dy \cdot Dz$ ein- oder austretenden Elektrizitätsmengen ermittelt. Nennt man daher $e_k \cdot Dk$ die elektrische Ladung dieses Volumelements, also e_k die räumliche Dichte der Elektrizität, so folgt die Gleichung

85) $$-\frac{d e_k}{d t} = \frac{\partial i_x}{\partial x} + \frac{\partial i_y}{\partial y} + \frac{\partial i_z}{\partial z}.$$

Weiter ergibt sich, wenn $e_\omega \cdot D\omega$ die auf der Fläche $D\omega$ ausgebreitete elektrische Ladung, also e_ω die Flächendichte der Elektrizität darstellt

86) $$-\frac{d e_\omega}{d t} = (u_1 - u_2)\cos(n x) + (v_1 - v_2)\cos(n y) + (w_1 - w_2)\cos(n z).$$

Dabei stellen $u_1\, v_1\, w_1$ die Strömungskomponenten auf der Seite von $D\omega$ vor, nach welcher die Normale n positiv gerechnet ist, $u_2\, v_2\, w_2$ die Strömungskomponenten auf der andern Seite. Insbesondere ist an der Oberfläche eines Leiters überall, wo Nichtleiter angrenzen

87) $$-\frac{d e_\omega}{d t} = i_x \cos(n x) + i_y \cos(n y) + i_z \cos(n z),$$

unter n die innere Normale des Oberflächenelements $D\omega$ verstanden, unter $i_x i_y i_z$ die Strömungskomponenten an der Oberfläche.

5. Stationär nennt man den Strömungszustand, wenn die ihn bestimmenden Größen nicht Funktionen der Zeit sind. Während des stationären Strömungszustandes muß also zufolge der Gleichungen 85) und 77a) in allen Punkten, in denen keine eingeprägten elektromotorischen Kräfte wirken,

88a) $$\frac{\partial}{\partial x}\left(\lambda\frac{\partial\varphi}{\partial x}\right)+\frac{\partial}{\partial y}\left(\lambda\frac{\partial\varphi}{\partial y}\right)+\frac{\partial}{\partial z}\left(\lambda\frac{\partial\varphi}{\partial z}\right)=0$$

und wenn überdies λ unveränderlich ist

88b) $$\frac{\partial^2\varphi}{\partial x^2}+\frac{\partial^2\varphi}{\partial y^2}+\frac{\partial^2\varphi}{\partial z^2}=0,$$

oder in abgekürzter Schreibweise

88c) $$\Delta\varphi=0$$

sein. An den Grenzflächen, an denen sich λ ändert, ist nach 86) und 77a)

89) $$\lambda_1\frac{\partial\varphi_1}{\partial n}=\lambda_2\frac{\partial\varphi_2}{\partial n}$$

und an den Grenzflächen, an denen Leiter und Nichtleiter sich berühren, nach 87) und 77a)

90) $$\lambda\frac{\partial\varphi}{\partial n}=0.$$

Endlich kann man, wenigstens in dem Falle der Voltaschen elektromotorischen Kräfte, die nur an den Berührungsflächen je zweier Leiter wirken, die Schlußweise, die zu Gleichung 82) geführt hat, anwenden. Je näher die Punkte 1) und 2) beiderseits an eine Fläche heranrücken, an der eine aufgezwungene elektromotorische Kraft wirkt, um so genauer ist

91) $$\varphi_2-\varphi_1=-\int_1^2\mathfrak{E}_s^*\,ds=E_{1,2}$$

die elektromotorische Kraft dieser Stelle. Hierdurch bringt Kirchhoff insbesondere die Voltasche Beobachtung zum Ausdruck, daß zwei Leiter bei der Berührung eine bestimmte, nach Seebeck von der Temperatur abhängige, Potentialdifferenz zeigen, die eine von der Natur der Leiter allein abhängige Konstante ist.

Die Gleichungen 88) und 91) genügen, wie mittels des Greenschen Satzes nachgewiesen werden kann, um bei stationären Strömen die Funktion φ zu bestimmen und damit die Strömungskomponenten i_x, i_y, i_z in jedem Punkte der Leiter, vorausgesetzt, daß nur an Berührungsflächen elektromotorische Kräfte wirken. Bei flächenartig ausgedehnten Leitern lassen sich durch Aufsuchen der Linien konstanter Werte der Potentialfunktion φ die Berechnungen experimentell bestätigen.

6. Das JOULEsche Gesetz überträgt man auf elektrisch durchströmte räumlich ausgedehnte Leiter in folgender Weise. Aus dem für lineare Leiter durch Gleichung 16b) S. 65 Festgestellten muß man schließen, daß die der x-Achse parallel verlaufende Strömung i_x, wenn sie ein Parallelepiped von der Leitfähigkeit λ, der Länge Dx und dem Querschnitt $Dy \cdot Dz$ durchströmt, darin die Wärme

$$(i_x \cdot Dy \cdot Dz)^2 \cdot \frac{Dx}{\lambda \cdot Dy \cdot Dz} dt$$

im Zeitelement dt entwickelt. Daher ist die Wärmemenge, die von einer Strömung mit den Komponenten i_x, i_y, i_z während der Zeit dt im Raumelement $Dk = Dx \cdot Dy \cdot Dz$ entwickelt wird (vgl. 78a)

$$92)\quad dQ = (i_x^2 + i_y^2 + i_z^2)\frac{Dk}{\lambda} dt = \lambda[(\mathfrak{E}_x - \mathfrak{E}_x^*)^2 + (\mathfrak{E}_y - \mathfrak{E}_y^*)^2 + (\mathfrak{E}_z - \mathfrak{E}_z^*)^2] Dk \cdot dt.$$

7. Aus diesen Entwickelungen ergibt sich, wie auch beliebig gestaltete Leiter in der Weise stationär durchströmt werden, daß sie aus einzelnen linearen Strömen zusammengesetzt erscheinen. Die Strömung erfolgt nämlich überall normal zu den Potentialflächen, den Flächen, in denen φ konstant ist, also längs der orthogonalen Trajektorien dieser Flächen. Indem man nun irgend eine der Potentialflächen in beliebig kleine Flächenelemente zerlegt und von deren Randpunkten aus die Strömungslinien, d. h. jene orthogonalen Trajektorien verfolgt, zerlegt man das durchströmte Gebiet in röhren- oder fadenartige, also im wesentlichen linear ausgedehnte Stücke. In diesem Umstande vor allem liegt die Berechtigung dazu, die experimentell für lineare Ströme erkannten Gesetze auf beliebige Leiter zu übertragen. Es bedarf kaum des Hinweises auf die Gleichungen 77), um hervorzuheben, daß die Richtungen der Strömungslinien in Leitern mit den Richtungen der elektrischen Kraft übereinstimmen, die Strömungslinien also in den Leitern mit jenen Kraftlinien identisch sind, die, wie wir sehen werden, für FARADAYS Anschauungen das wichtigste Gerüst liefern.

8. Die Erkenntnis, daß jeder vom galvanischen Strom durchflossene Körper in Stromfäden zerlegbar ist, liefert ohne weiteres das Mittel, die Gesetze der Elektrodynamik von linearen Leitern auf beliebige durchströmte Körper zu übertragen. Ist nämlich q der Querschnitt eines Stromfadens an einer Stelle $(x \mid y \mid z)$, an der die Strömung i besteht, so wirkt der Stromfaden wie ein linearer Strom von der Stromstärke $J \cdot q$. Stellt man i als einen Vektor von der Richtung der Strömung, also senkrecht zum Querschnitt q, dar, dessen Komponenten nach x, y, z die Werte i_x, i_y, i_z haben mögen, so werden die in den Formeln für lineare Leiter auftretenden Größen

$$J \cdot Ds, \qquad J \cdot Dx, \qquad J \cdot Dy, \qquad J \cdot Dz,$$

in denen Ds das Stromelement, Dx, Dy, Dz seine Komponenten bedeuten, zu ersetzen sein durch

$$i \cdot Dk, \qquad i_x \cdot Dk, \qquad i_y \cdot Dk, \qquad i_z \cdot Dk,$$

wobei $Dk = q \cdot Ds$ das Volumelement des durchströmten Leiters darstellt.

So ergibt sich als Potential der zwischen einem elektrisch durchströmten Körper, in dessen Volumelement Dk die Strömungskomponenten i_x, i_y, i_z bestehen, und einem magnetischen Körper, dessen Volumelement Dk' ein magnetisches Moment mit den Komponenten $\alpha' Dk'$, $\beta' Dk'$, $\gamma' Dk'$ besitzt, nach Gleichung 49b) S. 39 der Ausdruck

93) $$Q = \frac{1}{c}\int\limits_{\mathfrak{K}} \left\{\left(\frac{\partial M}{\partial z} - \frac{\partial N}{\partial y}\right) i_x + \left(\frac{\partial N}{\partial x} - \frac{\partial L}{\partial z}\right) i_y + \left(\frac{\partial L}{\partial y} - \frac{\partial M}{\partial x}\right) i_z\right\} Dk,$$

wobei

94) $$L = \int\limits_{\mathfrak{K}} \alpha' \frac{Dk'}{r}, \quad M = \int\limits_{\mathfrak{K}} \beta' \frac{Dk'}{r}, \quad N = \int\limits_{\mathfrak{K}} \gamma' \frac{Dk'}{r}.$$

Ferner hat nach Gleichung 21b) S. 12 die Kraft, die derselbe elektrisch durchströmte Körper auf einen Magnetpol von der Stärke m am Orte $(x_m | y_m | z_m)$ ausübt, die Komponenten

95) $$\left\{\begin{aligned} X_m &= \frac{m}{c}\int\limits_{\mathfrak{K}} Dk \left\{\frac{\partial \frac{1}{r}}{\partial y_m} i_z - \frac{\partial \frac{1}{r}}{\partial z_m} i_y\right\}, \quad Y_m = \frac{m}{c}\int\limits_{\mathfrak{K}} Dk \left\{\frac{\partial \frac{1}{r}}{\partial z_m} i_x - \frac{\partial \frac{1}{r}}{\partial x_m} i_z\right\}, \\ Z_m &= \frac{m}{c}\int\limits_{\mathfrak{K}} Dk \left\{\frac{\partial \frac{1}{r}}{\partial x_m} i_y - \frac{\partial \frac{1}{r}}{\partial y_m} i_x\right\}, \end{aligned}\right.$$

und wenn man die Funktionen

96) $$U = \int\limits_{\mathfrak{K}} i_x \cdot \frac{Dk}{r}, \qquad V = \int\limits_{\mathfrak{K}} i_y \cdot \frac{Dk}{r}, \qquad W = \int\limits_{\mathfrak{K}} i_z \cdot \frac{Dk}{r}$$

einführt, die MAXWELL als Komponenten des Vektorpotentials bezeichnet hat, nachdem sie schon 1858 von HELMHOLTZ mathematisch verwertet worden waren, so ergibt sich

$$97)\quad \begin{cases} X_m = \frac{m}{c}\left(\frac{\partial W}{\partial y_m} - \frac{\partial V}{\partial z_m}\right), \qquad Y_m = \frac{m}{c}\left(\frac{\partial U}{\partial z_m} - \frac{\partial W}{\partial x_m}\right), \\ Z_m = \frac{m}{c}\left(\frac{\partial V}{\partial x_m} - \frac{\partial U}{\partial y_m}\right). \end{cases}$$

9. Ebenso führt das Potential 62) S. 45, das zwei lineare Ströme aufeinander ausüben, zum Potential zweier körperlicher Leiter, die durch die Indizes 1 und 2 unterschieden werden sollen,

$$98)\qquad P_{ii} = -\frac{\mu}{c^2}\int\limits_{\mathfrak{K}_1}\int\limits_{\mathfrak{K}_2}\frac{1}{r}\, i_1\, i_2 \cos(i_1\, i_2)\, D k_1 \cdot D k_2 .$$

Hier kann wieder mittels der Gleichungen 96) das Vektorpotential eingeführt werden, so daß z. B. die von einem stromdurchflossenen Leiter $\mathfrak{K}_1$ auf einem Leiter $\mathfrak{K}_2$ induzierte elektromotorische Kraft nach Gleichung 8) S. 52 sich ergibt zu

$$99)\qquad E = \frac{d P^1}{d t} = -\frac{\mu}{c^2}\frac{d}{d t}\int\limits_{\mathfrak{K}_2}\{U_1 \cdot D x_2 + V_1 \cdot D y_2 + W_1 \cdot D z_2\}.$$

Ebenso findet man als die durch einen Magneten im Leiter $\mathfrak{K}_2$ induzierte elektromotorische Kraft wie in Gleichung 49b) S. 39

$$100)\quad \begin{cases} E = \frac{1}{c}\frac{d}{d t}\int\left\{\left(\frac{\partial M}{\partial z} - \frac{\partial N}{\partial y}\right) D x + \left(\frac{\partial N}{\partial x} - \frac{\partial L}{\partial z}\right) D y \right. \\ \left. \qquad + \left(\frac{\partial L}{\partial y} - \frac{\partial M}{\partial x}\right) D z\right\}. \end{cases}$$

10. Diese Verallgemeinerungen der für lineare Leiter experimentell erwiesenen Gesetze führten endlich im Jahre 1857 Kirchhoff zu den Differentialgleichungen der elektrischen Strömung in körperlichen Leitern. Er setzt

$$101)\quad \begin{cases} \frac{i_x}{\lambda} = -\frac{\partial \varphi}{\partial x} - \frac{d}{d t}\left\{\frac{\mu}{c^2} U + \frac{1}{c}\left(\frac{\partial N}{\partial y} - \frac{\partial M}{\partial z}\right)\right\} = \mathfrak{E}_x \\ \frac{i_y}{\lambda} = -\frac{\partial \varphi}{\partial y} - \frac{d}{d t}\left\{\frac{\mu}{c^2} V + \frac{1}{c}\left(\frac{\partial L}{\partial z} - \frac{\partial N}{\partial x}\right)\right\} = \mathfrak{E}_y \\ \frac{i_z}{\lambda} = -\frac{\partial \varphi}{\partial z} - \frac{d}{d t}\left\{\frac{\mu}{c^2} W + \frac{1}{c}\left(\frac{\partial M}{\partial x} - \frac{\partial L}{\partial y}\right)\right\} = \mathfrak{E}_z . \end{cases}$$

Hierbei bedeuten $\mathfrak{E}_x, \mathfrak{E}_y, \mathfrak{E}_z$ die Komponenten der elektrischen Feldstärke (Gl. 77), i_x, i_y, i_z die Strömungskomponenten, λ die Leitfähigkeit im Punkte $(x | y | z)$, während die Funktionen U, V, W und L, M, N im allgemeinen durch Integrationen über alle Elemente $D k'$ der diesen Punkt induzierenden elektrisch durchströmten Körper und

Magnete zu gewinnen sind. Heißt r der Abstand des Punktes $(x \mid y \mid z)$, für den die Strömung ermittelt werden soll, vom Punkte $(x' \mid y' \mid z')$, in dem die Strömung $(i'_x \mid i'_y \mid i'_z)$ bzw. das magnetische Moment der Volumeinheit $(\alpha' \mid \beta' \mid \gamma')$ herrschen möge, so ist

$$U = \int \frac{i'_x}{r} D k', \quad V = \int \frac{i'_y}{r} D k', \quad W = \int \frac{i'_z}{r} D k',$$

$$L = \int \frac{\alpha'}{r} D k', \quad M = \int \frac{\beta'}{r} D k', \quad N = \int \frac{\gamma'}{r} D k'.$$

Zu den Gleichungen 101) gelangte KIRCHHOFF vom WEBERschen Gesetze aus. Zwar treten in seinen Entwickelungen Formeln auf, die später durch HELMHOLTZ eine Berichtigung erfahren haben; die oben angeführten Differentialgleichungen werden aber durch diese Berichtigung nicht betroffen und bestehen unabhängig von der ursprünglich zu ihrer Begründung herangezogenen WEBERschen Hypothese. Auch hat KIRCHHOFF selbst sie später nicht mehr auf diese Hypothese gestützt, sondern ihre Berechtigung nur damit begründet, daß sie mit dem allgemeinen NEUMANNschen Induktionsgesetze im Einklang stehen.

Wenden wir nämlich die Gleichungen 101) auf alle Punkte eines Stromfadens an, multiplizieren sie mit bzw. Dx, Dy, Dz, addieren und integrieren sie von einem beliebigen Anfangs- bis zu einem beliebigen Endquerschnitt des Stromfadens, so liefern die linken Seiten

$$\int \frac{1}{\lambda} (i_x \cdot Dx + i_y \cdot Dy + i_z \cdot Dz) = \int \frac{J \cdot Ds}{\lambda q} = \int J \cdot D\,W,$$

wenn wieder $J = iq$ die Stromstärke, q den Querschnitt, W den Widerstand, Ds das Längenelement des Fadens bezeichnen. Die linken Seiten ergeben also die gesamte elektromotorische Kraft, die dem Stromfaden zwischen den gewählten Querschnitten zukommt.

Die rechten Seiten aber liefern das Gefälle der Potentialfunktion φ, also die bei stationärem Strömungszustande auf einer Stromfadenstrecke ohne eingeprägte elektromotorische Kräfte allein wirksame elektromotorische Kraft, nebst der durch Induktion erzeugten, durch die Ausdrücke 99) und 100) gegebenen elektromotorischen Kraft.

(Will man elektromotorische Eigenkräfte, eingeprägte Feldstärken in die Betrachtung einbeziehen, so muß man den rechten Seiten der Gleichungen 101) noch Glieder $-\mathfrak{E}^*_x$, $-\mathfrak{E}^*_y$, $-\mathfrak{E}^*_z$ zufügen.)

Freilich ist damit nicht die Richtigkeit, sondern nur die Zulässigkeit jener Differentialgleichungen 101) erwiesen, die Richtigkeit kann selbstverständlich nur durch Erfahrungen an körperlichen Leitern begründet werden. Eine der am längsten bekannten elektrodynamischen Erscheinungen, der S. 48 erwähnte Rotationsmagnetismus Aragos, vor allem die so oft auftretende Dämpfung der Magnetnadel durch die von ihr in benachbarten Leitern induzierten Ströme gehört hierher. Kirchhoff selbst aber hat seine Gleichungen auf den Fall eines zylindrischen Leiters angewendet, in dem ein veränderlicher Strom besteht, so daß Selbstinduktion stattfindet, und selbstverständlich erscheint das Verhalten eines linearen Leiters mit Selbstinduktion als spezieller Fall des Kirchhoffschen Ansatzes.

Auch soll man nicht vergessen, daß es die Gleichungen 101) waren, die für den dänischen Physiker Lorenz den Ausgangspunkt seiner hochfliegenden Ideen bildeten. Was auf den Faradayschen Grundlagen von Maxwell erreicht wurde, die elektromagnetische Theorie des Lichtes, hat Lorenz von den Kirchhoffschen Gleichungen aus zu erreichen versucht und 1867 auch wesentliche Ergebnisse dieser Theorie wirklich erreicht; z. B. die Möglichkeit periodischer elektrischer Ströme erkannt, die sich wie Wellen mit der Lichtgeschwindigkeit fortpflanzen und die Schwingungen des Lichts als elektrische Ströme bezeichnet.

11. Der allgemeinste Fall der Energieübertragungen durch elektrische Leitungsvorgänge in einem einfachen linearen Schließungsbogen ist der, daß zwei Platten eines Kondensators, die auf den elektrischen Potentialfunktionen φ_1 und φ_2 stehen, durch eine Leitung verbunden werden, deren Widerstand W ist und in der nicht nur eine elektromotorische Kraft E wirkt, sondern auch Selbstinduktion stattfindet. Folgen sich φ_1 und φ_2 in der Richtung des Stromes, so hat man infolge der Gleichungen 82) und 83) auf S. 90 und unter Berücksichtigung der Gleichung 23) S. 68

$$102)\qquad E + \varphi_1 - \varphi_2 = J \cdot W + L\frac{dJ}{dt}$$

zu setzen, wenn mit L der elektromagnetisch gemessene Koeffizient der Selbstinduktion des Schließungsbogens bezeichnet wird.

Andrerseits betragen die auf den Platten des Kondensators angesammelten Elektrizitätsmengen $\pm e$, wobei

$$103)\qquad e = C(\varphi_1 - \varphi_2),$$

wenn C als Kapazität des Kondensators eingeführt wird. Da nun als Stromstärke die in der Zeit 1 entladene Elektrizitätsmenge bezeichnet wird (vgl. 44, S. 75), so folgt

104) $$-J = \frac{de}{dt} = C\frac{d}{dt}(\varphi_1 - \varphi_2).$$

Die Differentiation der Gleichung 77) ergibt endlich

105) $$\frac{1}{L}\frac{dE}{dt} = \frac{d^2 J}{dt^2} + \frac{W}{L}\frac{dJ}{dt} + \frac{1}{CL}J.$$

Ist E eine bekannte Funktion der Zeit, so ist damit eine Differentialgleichung zweiter Ordnung für J gewonnen und auf deren Behandlung die Theorie der Strömung zurückgeführt.

12. Ist insbesondere E eine periodische Funktion der Zeit oder fehlt es gänzlich, so bestimmt sich, auch wenn kein Kondensator den Stromkreis unterbricht, die Stromstärke J keineswegs nach dem OHMschen Gesetze aus E. Auch sie ergibt sich dann im allgemeinen als periodische Funktion, und die Forschung ist wiederholt und von den verschiedensten Gesichtspunkten dazu geführt worden, sich aus dieser Differentialgleichung über die Entladungs- und Strömungserscheinungen aufzuklären. Die oszillierende Entladung der Leydner Flasche, die telephonische Übertragung der Klänge, die Störungen in langen Leitungen, vor allem in Kabeln, die Wechselstromtechnik, die HERTZschen Versuche über Strahlung und Resonanz elektrischer Ströme — alle diese tiefführenden und weittragenden Untersuchungen betreffen Lösungen jener Differentialgleichung.

Da sie zugleich die Differentialgleichung elastischer Schwingungen in dem allgemeinen Falle erzwungener Schwingungen im widerstehenden Mittel ist, so bot sich hier eine an sich vortreffliche physikalische Analogie zur Veranschaulichung der verwickelten und vielgestaltigen Vorgänge.

Indessen hat doch die mechanische Auffassung keine erheblichen Vorteile geboten, und man gewöhnte sich, besonders unter MAXWELLS Einfluß, die elektrischen Schwingungen als solche in Betracht zu ziehen. Was da periodisch sich ändert, ist unwesentlich, man mag sich ein Fluidum denken, das pulsiert, eine Punktreihe, die schwingt, — solche Vorstellungen bringen keine Erleichterung. Es ist ein bedeutsamer Gedankenfortschritt, die elektrische Schwingung als solche festzustellen: Die Energie wird übertragen nach Maßgabe einer gewissen Differentialgleichung — das allein ist gegeben.

Fünfter Teil.

Der elektrotonische Zustand.

Faraday, Maxwell, Hertz.

Erster Abschnitt.

Das elektrostatische Feld.

1. Während auf den geschilderten Wegen durch die deutschen Physiker um die Mitte des vorigen Jahrhunderts die so völlig neu und frappant erscheinende große Entdeckung FARADAYS, die Tatsache der Induktion, in das alte System theoretischer Naturauffassung hineingebaut wurde, schritt der Entdecker selbst auf seiner eigenartigen Forscherbahn weiter, nicht nur zu neuen Erfahrungstatsachen, sondern auch zu neuen Gedankenkonstruktionen, zu einer Theorie, welche den Erscheinungen auf einem originalen Wege, durch ein gleichsam aus ihnen selbst herausgewachsenes System gerecht wurde.

War ihm bei den Versuchen, mit denen er jenen Wirkungen der Elektrizität folgte, die er, wie wir sehen, einem besonderen Zustande, dem elektrotonischen Zustande zuschrieb, schon in den Jahren 1833 und 1834 die schöne Aufklärung der elektrochemischen Erscheinungen (vgl. S. 85) gelungen, die in der durchströmten Substanz selbst stattfinden, so gelangt er 1838 zur Erkenntnis der Vorgänge, die in den Nichtleitern stattfinden, zur Erkenntnis der dielektrischen Vorgänge.

Man achte auf den Gedankenfortschritt! Bis dahin hatte man die Leiter fast ausschließlich als den Sitz der elektrischen Vorgänge angesehen, jedenfalls bei den mathematischen Theorien nur sie, sei es als Speicher für ruhende oder als Kanäle für bewegte elektrische Materie in Betracht gezogen. Daß in der den Leiter umgebenden Luft, allgemeiner in dem ihn umgebenden Nichtleiter, überhaupt etwas geschehe, war vom Standpunkte NEWTONscher Fernwirkung nicht anzunehmen, da ja elektrische Erscheinungen nur als Ladungen und Bewegungen von Leitern wahrnehmbar schienen. Wer, wie FARADAY, auf das Eigenartige des Zustandes fahndet, in den die nichtleitende Umgebung eines geladenen oder durchströmten Leiters versetzt wird, der steht bereits auf neuem Boden: an die Stelle NEWTONscher Fernwirkung setzt er die Vorstellung, mit der es einst NEWTONS großem Zeitgenossen, HUYGHENS, gelang, die Fortpflanzungserscheinungen des Lichtes zu konstruieren, setzt er die Ausbreitung der Wirkungen durch ein Medium hindurch.

Wie die elektrodynamischen Erscheinungen von Anfang, von OERSTED an, wie vor allem eindringlich die Induktionserscheinungen zu solcher Auffassung hindrängten, wie andrerseits durch die mathematische Behandlung der Potentialtheorie diese Auffassung befestigt wurde, ist bereits ausgeführt worden.

2. Aber es handelte sich doch zunächst nur um einen Streit theoretischer Meinungen; daß auch die alte, so vielseitig bewährte Ansicht den elektrischen Erscheinungen anzupassen war, bewiesen die Arbeiten eines WILHELM WEBER und FRANZ NEUMANN, die ja gerade auf dem Wege der alten Anschauungen es verstanden, die neuen Erscheinungen der mathematischen Analyse zu unterwerfen.

Entscheidend aber für die Auffassung, daß die elektrischen Erscheinungen sich nicht durch Fernwirkung, sondern durch Ausbreitung in einem Medium übertragen, wäre der Nachweis gewesen, daß auch nichtleitende Stoffe elektrischen Wirkungen unterliegen oder wenigstens der Nachweis, daß bei Ersatz eines Mediums durch ein anderes die Wirkung von Leiter auf Leiter verschieden ausfällt.

Der letztere Nachweis gelang FARADAY 1838. Bei gleicher Potentialdifferenz der beiden Belegungen eines Kondensators fand er doch die Ladung des Kondensators verschieden, wenn die isolierende Substanz zwischen den Belegungen verschieden gewählt war. Das Verhältnis der Ladung zur Potentialfunktion, die sogenannte Kapazität eines Kondensators, ist also abhängig von dem Medium, in dem er sich befindet. Im COULOMBschen Gesetze 10) S. 9, nach welchem die zwischen irgend zwei elektrischen Ladungen e_1 und e_2, die sich im Abstande r voneinander befinden, wirksame Kraft, den Wert

$$K = \frac{e_1 e_2}{\varepsilon \cdot r^2}$$

besitzt, ist also die Konstante ε nicht, wie bisher angenommen worden war, eine universelle, nur von der Wahl der Maßeinheiten abhängige Konstante; sie ist vielmehr abhängig von dem Medium, durch das e_1 und e_2 voneinander geschieden sind. Dieses Medium wirkt nicht lediglich isolierend, es bestimmt nicht nur, ob jene elektrische Kraft vorhanden ist, sondern ist mitbestimmend für die Größe dieser Kraft. Heißt ε_0 die Konstante für das Vakuum — und sehr nahe ist dies auch die Konstante für Luft —, heißt ferner ε die Konstante für irgend eine andere Substanz, so wird

$$1) \qquad D = \frac{\varepsilon}{\varepsilon_0}$$

die Dielektrizitätskonstante dieser Substanz genannt. Durch die Wahl der Maßeinheiten ist nach S. 73 ff. über die Größe von ε_0 verfügt worden. Wird, wie im elektrostatischen Maßsystem $\varepsilon_0 = 1$ gewählt, so ist die Dielektrizitätskonstante $D = \varepsilon$, während im allgemeinen D und ε nicht gleich, nur proportional sind.

3. In dem Namen Dielektrizität steckt eine Auffassungsweise über die Art, wie die isolierende Substanz sich an dem elektrischen Vorgang beteiligt, eine Auffassung, die gleichsam die Brücke bildet von der alten NEWTONschen zur neuen FARADAY-MAXWELLschen Ansicht über die Wirkungsweise der Kräfte.

Während — so etwa schildert HERTZ diese Verschiebung der physikalischen Ideen[1] — während für den NEWTON-COULOMBschen Standpunkt der reinen Fernwirkung die Kraft lediglich existiert, wo ein Körper sich befindet, der von ihr bewegt wird, in dem Raume zwischen den aufeinander wirkenden Körpern aber nichts die Kraft verrät, — denkt sich bereits die Potentialtheorie, auch unabhängig vom Vorhandensein eines beweglichen Körpers, die Kraft gleichsam potentiell in jedem Punkte des Raumes durch ein mathematisches Merkmal angezeigt.

Der im Namen Dielektrizität festgehaltene Standpunkt fügt ein physikalisches Merkmal hinzu: Die Kraft polarisiert die kleinsten Teile des den Raum erfüllenden Mediums. Jedes Teilchen des Nichtleiters, der sich zwischen dem positiven und dem negativen Belege eines Kondensators befindet, wird nach dem Standpunkte der Dielektrizitätstheorie polarisiert, und zwar nach der Seite des positiven Belegs hin negativ, nach der des negativen hin positiv elektrisch, und die Wirkung auf einen Beleg setzt sich nun zusammen aus der von der Elektrizität des andern Belegs und aus der von den Elektrizitäten jedes Teilchens des Nichtleiters ausgehenden Kraft. Diese Auffassung der Sache war an sich nicht neu. Die magne-

[1] H. HERTZ, Untersuchungen über die Ausbreitung der elektrischen Kraft. Leipzig 1892. Einleitende Übersicht S. 21.

tische Influenz hatte längst dazu genötigt, sich die Volumelemente des Eisens, das sich in der Nähe eines Magnetpols befindet, als magnetisiert vorzustellen, ihnen magnetische Momente zuzuschreiben, ja die ziemlich verwickelte analytische Behandlung des Verteilungsproblems war bereits 1824 durch POISSON erledigt worden, und die experimentelle Darstellung der magnetischen Kraftlinien durch Eisenfeilicht oder durch die Richtungen einer im Magnetfelde herumgeführten Nadel stärkten recht anschaulich und eindringlich diese Betrachtungsweise. Auch ist bereits durch MOSSOTTI 1847 und 1850 die POISSONsche Theorie auf die elektrischen Vorgänge übertragen worden. Die später von HELMHOLTZ gegebene Theorie des Elektromagnetismus kann als die analytische Durchführung dieses Standpunktes angesehen werden.

Nun läßt aber der Standpunkt der Dielektrizitätstheorie einen gewissen Spielraum offen. Es steht der Theorie frei, darüber zu verfügen, wieviel der Gesamtwirkung, die in einem beliebigen Punkte ausgeübt wird, von den in den Leitern vorhandenen und wieviel von den in den Elementen des Nichtleiters entwickelten Elektrizitäten herrührt, ja im Grenzfall kann geradezu die Elektrizität an der Oberfläche eines Leiters durch die entgegengesetzte Elektrizität der angrenzenden Elemente des Nichtleiters völlig neutralisiert gedacht werden, so daß es nun lediglich der Nichtleiter ist, von dem die Wirkung ausgeht.

Nachdem FARADAY diesen Standpunkt erreicht hatte, war aber der Gedanke der Fernwirkung überhaupt ein überflüssiger Ballast. Was bleibt jetzt als Elektrizität übrig? Nichts als ein eigenartiger Zustand des Nichtleiters. Und da die Elektrizität an den Leiteroberflächen wirkungslos geworden war, mußte nun auch der Polarisationszustand des Nichtleiters — falls man überhaupt dieses Bild für den elektrotonischen Zustand festhalten wollte — entgegengesetzt wie bei POISSON und MOSSOTTI gedacht werden. Jedes Teilchen des Nichtleiters müßte nach dem schließlich gewonnenen FARADAY-MAXWELLschen Standpunkte in der Weise polarisiert zu denken sein, daß es an der dem positiven Belege zugekehrten Seite die Wirkungen positiver, an der dem negativen Belege zugekehrten die Wirkungen negativer Elektrizität zeigt. Aber nötig ist diese Auffassung des elektrotonischen Zustandes als eines polarisierten überhaupt nicht, denn nichts bleibt mehr zurück von einer stofflichen Vorstellung der Elektrizität; es ist ja der eigentümliche Zustand des Nichtleiters allein, der elektrische Wirkungen bedingt, und dieser Zustand wird in jedem Volumelemente durch einen Vektor charakterisiert, den man sich allenfalls unter dem Bilde einer stofflichen Scheidung oder sonstigen Polarisation vorstellen kann, ohne aber damit irgend etwas physikalisch Bedeutsames erreicht zu haben.

Der COULOMBsche Standpunkt, ebenso wie der der Potential- und der der Dielektrizitätstheorie führen die Beschreibung der elektrischen Vorgänge auf die Angabe elektrischer Ladungen als die schließlichen Elemente zurück; sind die Ladungen bekannt, so ist alles bekannt. Anders der strenge FARADAY-MAXWELLsche Standpunkt. Für ihn ist die elektrische Feldintensität $\mathfrak{E}$ das Element der Beschreibung des Feldes und es sind lediglich Besonderheiten in der Verteilung dieses Vektors, die wir als Stellen elektrischer Ladungen bezeichnen.

4. So vielfach auch noch bei MAXWELL dieser reine Standpunkt, der das Schlußergebnis der geistigen Entwickelung bei FARADAY bildet, vermengt erscheint mit dem oben erwähnten Grenzfall der Dielektrizitätstheorie, so ist es doch vor allem HERTZ gelungen, ihn rein herauszuarbeiten und so zeigt uns jetzt das neue Gesicht, zu dem sich die alten Vorstellungen in FARADAYS Geist umgewandelt haben, hauptsächlich die folgenden Züge.

In jedem Punkte P des Raumes besteht ein Vektor, den wir elektrische Feldstärke oder Intensität nennen wollen, und der gewöhnlich als elektrische Kraft bezeichnet wird, obschon er keine Kraft im Sinne der Dynamik darstellt. Stellt man sich vorläufig die Ladungen e als gegeben vor und beschränkt sich zunächst auf den Fall, daß der Raum außer von beliebigen Leitern nur von einem einzigen Nichtleiter, z. B. von der die Leiter umgebenden Luft, erfüllt ist, so trägt jede elektrische Ladung e, die vom Punkte P um r absteht, zu jenem Vektor die Komponente

2) $$\frac{e}{\varepsilon \cdot r^2} = \mathfrak{E}$$

bei, wo ε eine die Substanz des Nichtleiters charakterisierende Konstante darstellt. Ist P im Nichtleiter gelegen, so besteht in P ein zweiter, dem vorigen gleichgerichteter Vektor, elektrische Polarisation oder Induktion genannt, zu dem e den Beitrag

3) $$\varepsilon \cdot \mathfrak{E} = \frac{e}{r^2}$$

bringt. Liegt aber P in leitender Substanz, so bestimmt $\mathfrak{E}$ nach S. 89 die Strömung in P als einen gleichgerichteten Vektor von der Größe

4) $$\lambda \cdot \mathfrak{E}.$$

Befindet sich in P eine elektrische Ladung e', so bestimmt $\mathfrak{E}$ die dynamische Wirkung, die Anziehung oder Abstoßung, die auf e' ausgeübt wird, da nach dem COULOMBschen Gesetze

$$5)\qquad e'\cdot\mathfrak{E} = \frac{e\cdot e'}{\varepsilon\, r^2}$$

der Betrag ist, den e zur Kraft beiträgt. So ist die elektrische Intensität in P maßgebend für alles elektrische Geschehen in P.

5. Der Vektor $\mathfrak{E}$ kann von einer überall stetigen Potentialfunktion φ abhängig gemacht werden, seine Komponente nach irgend einer Richtung l ist entgegengesetzt gleich dem nach l genommenen Differentialquotienten der Funktion

$$6)\qquad \varphi = \frac{e}{\varepsilon\cdot r},$$

so daß

$$7)\qquad \mathfrak{E}_l = -\frac{\partial\varphi}{\partial l} = -\left[\frac{\partial\varphi}{\partial x}\cos(x, l) + \frac{\partial\varphi}{\partial y}\cos(y, l) + \frac{\partial\varphi}{\partial z}\cos(z, l)\right].$$

Gleichwertig mit diesem Ansatz ist übrigens die Angabe, daß über jede geschlossene Kurve

$$7\text{b})\qquad \int \mathfrak{E}_l\cdot Dl = 0.$$

Die Verteilung des Vektors $\mathfrak{E}$ im Raume kann also durch die Flächen φ = konst., durch die Potentialflächen oder die Niveauflächen der Funktion φ veranschaulicht werden, da der dem Punkte P zukommende Vektor $\mathfrak{E}$ normal steht zu der durch P gehenden Potentialfläche. Werden dadurch die Richtungen der Vektoren $\mathfrak{E}$ übersichtlich gemacht, so erhält man auch eine Übersicht über die Größen dieser Vektoren, wenn man die Potentialflächen als Flächen gleichen Potentialunterschiedes konstruiert, d. h. für Potentialwerte, die sich um gleiche Beträge, etwa um die Einheit unterscheiden. Je dichter sich in einem Gebiete des Raumes diese Flächen gleichen Potentialunterschiedes folgen, um so größer ist an dieser Stelle der Vektor $\mathfrak{E}$. Denn nennt man n die Richtung der Normale zur Fläche φ = konst., also auch die Richtung von $\mathfrak{E}$ im Punkte P, und dn den Abstand zweier unendlich nahe aufeinander folgenden Potentialflächen, gemessen in Richtung der Normale, so ist

$$8)\qquad \mathfrak{E} = \mathfrak{E}_n = -\frac{\partial\varphi}{\partial n},\qquad \mathfrak{E}\cdot dn = -d\varphi.$$

$\mathfrak{E}\cdot dn$ ist also nach Konstruktion für alle Raumteile von gleichem

Werte, nämlich gleich der Potentialdifferenz $-d\varphi$ zweier aufeinander folgenden Potentialflächen. Das alles darf hier, als aus der Potentialtheorie bekannt, vorausgesetzt werden.

6. FARADAY bevorzugt aber eine andere Art der Veranschaulichung für die Vektoren $\mathfrak{E}$. Er denkt sich vom Punkte P in der Richtung der dort herrschenden elektrischen Intensität $\mathfrak{E}$ ein Linienelement $dn = PP'$, dann in P' nach Richtung der dort herrschenden Intensität $\mathfrak{E}'$ ein Linienelement $dn' = P'P''$ konstruiert usw. Durch Fortsetzung des Verfahrens und Übergang zur Grenze für verschwindende Linienelemente $dn, dn' \ldots$ entsteht eine Kurve, deren Tangenten die Richtungen der Vektoren $\mathfrak{E}$ in den Berührungspunkten P anzeigen, eine Kurve, die FARADAY als Kraftlinie bezeichnet, und die genauer als Linie elektrischer Feldintensität, als Intensitätskurve, zu bezeichnen wäre.

Nun denkt sich FARADAY den Punkt P von einer kleinen geschlossenen Linie c umgeben, die auf der durch P gehenden Potentialfläche gezogen sein möge, etwa von einem sehr kleinen Quadrat, dessen Mittelpunkt P ist, und konstruiert von jedem Punkte der Linie c aus die Intensitätskurve. Es entsteht eine Intensitätsröhre (ein Kraftfaden), deren Querschnitt q_n an der Stelle P die von c umschlossene Fläche ist, während er sich an den Stellen $P', P'' \ldots$ im allgemeinen von andrer Größe erweisen wird. Durch die Flächen gleichen Potentialunterschieds wird jede Kraftröhre in Zellen zerlegt. Die ursprüngliche, von P aus gezogene Intensitätskurve kann nun als Repräsentant der ganzen Intensitätsröhre angesehen werden, um so genauer, je kleiner die von der Kontur c umschlossene Fläche q_n ist.

Endlich setzt FARADAY, um nicht nur durch die Richtung der Intensitätskurven die Richtung von $\mathfrak{E}$, sondern auch durch die Dichtigkeit jener die Größe von $\mathfrak{E}$ darzustellen, über die Anzahl der zu konstruierenden Intensitätsröhren oder die Anzahl der sie repräsentierenden Intensitätskurven folgendes fest: Durch eine Kugelfläche, die mit dem Radius 1 um einen Punkt beschrieben ist, in dem sich die elektrische Ladung e befindet, also durch eine Kugel von der Oberfläche 4π, sollen $4\pi e$ Intensitätsröhren bzw. -kurven gehen, es soll also die Oberfläche in $4\pi e$ gleiche Teile geteilt werden, um die Querschnitte der einzelnen Röhren zu erhalten. Dadurch wird erreicht, daß das Produkt

9) $$\varepsilon\,\mathfrak{E}_n \cdot q_n = 1$$

ist für alle Stellen jeder Röhre und für alle von den verschiedenen Ladungen e ausgehenden Röhren.

So wird denn die Angabe der Ladungen e ersetzt durch die Beschreibung der Vektorverteilung.

Auch ist für einen zur beliebigen Richtung l senkrechten Schnitt einer Röhre $\varepsilon\mathfrak{E}_l \cdot q_l = 1$, wo $\mathfrak{E}_l$ die nach l wirkende Komponente von $\mathfrak{E}$ darstellt.

Da ferner $q_l = 1 : \varepsilon\mathfrak{E}_l$ den Querschnitt angibt, der von einer Intensitätsröhre eingenommen wird, so passieren durch den hinreichend klein gedachten Querschnitt dF an der betrachteten Stelle $dF : q_l = \varepsilon\mathfrak{E}_l dF = dN$ Kraftlinien, und es gestattet dieser Begriff der Anzahl der Kraftlinien den Integralwert aller elektrischen Wirkungen, die auf eine beliebige endliche Fläche F entfallen, zu bestimmen

10) $$N = \int \varepsilon\mathfrak{E}_l \cdot dF.$$

Von diesem Begriffe aus haben sich für viele elektromagnetische Vorgänge anschauliche und praktische Auffassungsweisen entwickelt.

Aus dem Vorangehenden ergibt sich, daß im Grunde genommen durch die Röhrenquerschnitte nicht sowohl die elektrische Feldstärke $\mathfrak{E}$, als vielmehr die Polarisation oder Induktion $\varepsilon\mathfrak{E}$ dargestellt wird, daher auch die Röhren als Induktionsröhren bezeichnet werden.

7. Diese Faradaysche Beschreibung des von ihm als elektrisches Feld bezeichneten Raumgebietes, in dem sich elektrische Vorgänge abspielen, führt nun sachlich über die Newtonsche Vorstellungsweise hinaus, sobald die Dielektrizitätskonstante an verschiedenen Stellen des Feldes verschieden ist, also immer dann, wenn verschiedene Nichtleiter sich im Felde befinden, oder auch wenn ein Nichtleiter in dielektrischer Hinsicht nicht homogen oder nicht isotrop ist. An einer Fläche z. B., an der sich ε sprungweise ändert, kann die zur Fläche normale Komponente $\mathfrak{E}$ nicht stetig sein, da ja vielmehr die Komponente von $\varepsilon \cdot \mathfrak{E}$, der elektrischen Polarisation, stetig sein muß, um die Konstruktion der Induktionsröhren durchführbar zu machen. Da andrerseits dort die zur Fläche tangentiale Komponente von $\mathfrak{E}$ stetig ist, wie Faraday annimmt, um bekannten Eigenschaften der Potentialfunktion φ gerecht zu werden, so erleiden an jeder Sprungstelle der Dielektrizitätskonstante die Intensitätskurven eine Brechung. In solcher Weise vermochte Faraday den Verlauf der Intensität in geometrischer Anschaulichkeit

durch das Feld zu verfolgen und durfte in seinen zahlreichen aufklärenden Versuchen über die elektrostatischen Erscheinungen immer neue Belege seiner theoretischen Grundvorstellungen erblicken.

8. In analytisches Gewand sind diese bei FARADAY so ganz geometrisch angelegten Ideen später durch MAXWELL gekleidet worden. Es handelte sich dabei nicht um analytisch neue Gedanken, sondern um die Verwendung der im Dienste NEWTONscher Betrachtungsweise herangewachsenen Potentialtheorie und der POISSON-MOSSOTTIschen Dielektrizitätstheorie auf die FARADAYschen Ideen. Es kann daher auch hier als bekannt aus der Potentialtheorie übernommen werden, daß der Vektor $\mathfrak{E}$ in jedem Punkte $(x \mid y \mid z)$ durch folgende Bedingungen eindeutig bestimmt ist:

$\mathfrak{E}$ ist überall endlich und stetig; nur an den Flächen, an denen ε sich plötzlich ändert, ist die Normalkomponente von $\mathfrak{E}$ unstetig.

Ist nämlich das Element $D\omega$ einer solchen Fläche mit einer elektrischen Ladung $e_\omega = \delta_\omega \cdot D\omega$ von der Dichte δ_ω versehen, so zeigt das Produkt $\varepsilon \cdot \mathfrak{E}_n$ der Dielektrizitätskonstante in die Normalkomponente von $\mathfrak{E}$ an beiden Seiten von $D\omega$ um den Betrag $4\pi\delta_\omega$ verschiedene Werte.

Im Unendlichen wird $\mathfrak{E}$ gleich Null wie $1 : r^2$.

In jedem Leiter ist $\mathfrak{E} = 0$.

Über jede geschlossene Fläche ω hinerstreckt, ergibt das Integral der Normalkomponente der Polarisation $\varepsilon \cdot \mathfrak{E}$ einen Wert, der dem mit 4π multiplizierten Gesamtbetrag $\sum e_i$ aller von der Fläche ω umschlossenen elektrischen Ladungen gleichkommt

11) $$\int_\omega \varepsilon \mathfrak{E}_n \cdot D\omega = 4\pi \cdot \sum e_i .$$

Nach 10) kann man vorstehendes Integral auch als Zahl der Kraftlinien bezeichnen, die durch die Fläche ω hindurchsetzen und bemerkt, daß nur an elektrischen Ladungen e Kraftlinien beginnen oder endigen können. Gleichung 11) liefert, angewandt auf ein Volumelement Dk, in dem sich eine Ladung $e_k = \delta_k \cdot Dk$ von der Volumdichte δ_k befindet, die Differentialgleichung

12) $$\frac{\partial}{\partial x}(\varepsilon \cdot \mathfrak{E}_x) + \frac{\partial}{\partial y}(\varepsilon \cdot \mathfrak{E}_y) + \frac{\partial}{\partial z}(\varepsilon \cdot \mathfrak{E}_z) = 4\pi \cdot \delta_k ,$$

während ihre Anwendung auf ein Volumelement, das eine Flächenladung e_ω einschließt, die oben angegebene Unstetigkeit an Flächen ergibt.

Die Potentialfunktion φ endlich, von der der Vektor $\mathfrak{E}$ nach Gleichung 7) abhängig gemacht werden kann, ist überall endlich und stetig und ihre ersten Differentialquotienten sind nur an den Unstetigkeitsflächen der Dielektrizitätskonstanten unstetig. In einem Leiter ist φ konstant. Durch die hieraus folgenden Gleichungen bestimmt man φ eindeutig, ohne daß man von der Coulombschen Darstellung $\varphi = \sum (e : \varepsilon r)$ auszugehen hätte; vielmehr wird man auf sie und damit auf die Zahlen e rein analytisch geführt.

9. Bei Maxwell tritt zur Ergänzung dieser Festsetzungen noch die Angabe der elektrischen Energie hinzu. Nach S. 62 ist die mechanische Arbeit, die beliebige elektrische Ladungen durch die zwischen ihnen wirkenden elektrischen Anziehungen und Abstoßungen zu leisten vermögen, in Analogie von 11) S. 64 mittels des Ausdruckes

$$V = \sum_{ij} \frac{e_i e_j}{\varepsilon \cdot r_{ij}} = \tfrac{1}{2} \sum_i \sum_j \frac{e_i e_j}{\varepsilon r} = \tfrac{1}{2} \sum_i e_i \varphi_i \tag{13}$$

zu bestimmen, wobei

$$\varphi_i = \sum_j \frac{e_j}{\varepsilon r} \tag{14}$$

die Potentialfunktion des Systems am Orte der Ladung e_i darstellt. Die mechanische Arbeit nämlich, die beim Übergange eines elektrostatischen Zustandes in einen andern geleistet wird, ist nach Gleichung 12) S. 64 gleich der Abnahme, die V bei diesem Übergange erfährt. Wenn aber bei einer Veränderung des ursprünglichen elektrostatischen Zustandes ein neuer, nicht mehr elektrostatischer Zustand auftritt, so werden zwar andere Energieformen, insbesondere Wärme erzeugt, aber für den Gesamtbetrag, der in andere Formen übergegangenen Energie steht doch wieder nur V zur Verfügung.

Für die potentielle Energie V hat nun Maxwell eine auch in elektrodynamischer Hinsicht wertvolle Umformung angegeben, die auf dem folgenden Greenschen Satze der Potentialtheorie beruht. Sind φ und $\mathfrak{E}'_x$ zwei innerhalb der geschlossenen Fläche ω überall eindeutige, endliche und nur an einzelnen Oberflächen unstetige Funktionen der Koordinaten x, y, z, so ist

$$\int\limits_k \frac{\partial \varphi}{\partial x} \cdot \mathfrak{E}'_x \cdot D k = - \int\limits_\omega \varphi \cdot \mathfrak{E}'_x \cos (x n) \cdot D \omega - \int\limits_k \varphi \cdot \frac{\partial \mathfrak{E}'_x}{\partial x} \cdot D k, \tag{15}$$

wenn die mit k indizierten Integrationen über den umschlossenen

Raum, die mit ω indizierten über die umschließende Fläche und die Unstetigkeitsflächen erstreckt werden und n die innere Normale des Oberflächenelements $D\omega$ darstellt.

Denkt man sich jetzt unter $\mathfrak{E}'_x$ die x-Komponente eines Vektors $\mathfrak{E}'$ und stellt die zu 15) entsprechenden Gleichungen für seine andern Komponenten auf, so folgt durch Addition

$$16)\quad \left\{\begin{aligned} &\int_k \left(\mathfrak{E}'_x \cdot \frac{\partial \varphi}{\partial x} + \mathfrak{E}'_y \cdot \frac{\partial \varphi}{\partial y} + \mathfrak{E}'_z \cdot \frac{\partial \varphi}{\partial z}\right) \cdot D k \\ &\qquad = -\int_\omega \varphi\, \mathfrak{E}'_n D\omega - \int_k \varphi \left(\frac{\partial \mathfrak{E}'_x}{\partial x} + \frac{\partial \mathfrak{E}'_y}{\partial y} + \frac{\partial \mathfrak{E}'_z}{\partial z}\right) \cdot Dk. \end{aligned}\right.$$

Diese Formel wenden wir auf den Fall an, daß

$$17)\quad \mathfrak{E}'_x = \varepsilon\, \mathfrak{E}_x = -\varepsilon \frac{\partial \varphi}{\partial x}, \quad \mathfrak{E}'_y = -\varepsilon \frac{\partial \varphi}{\partial y}, \quad \mathfrak{E}'_z = -\varepsilon \frac{\partial \varphi}{\partial z}$$

sei und bedenken, daß dann nach 12)

$$\frac{\partial \mathfrak{E}'_x}{\partial x} + \frac{\partial \mathfrak{E}'_y}{\partial y} + \frac{\partial \mathfrak{E}'_z}{\partial z} = 4\pi\, \delta_k$$

ist und an Unstetigkeitsflächen der Funktion ε nach S. 107 der Ausdruck $\varepsilon\, \mathfrak{E}_n$ springt um $4\pi\, \delta_\omega$. Wir erhalten

$$18)\quad \left\{\begin{aligned} &\int_k \varepsilon (\mathfrak{E}_x^2 + \mathfrak{E}_y^2 + \mathfrak{E}_z^2) \cdot D k \\ &\qquad = \int_{\bar\omega} \varphi\, \mathfrak{E}'_n \cdot D\omega + 4\pi \sum \int_\omega \varphi \cdot \delta_\omega \cdot D\omega + 4\pi \int_k \varphi \cdot \delta_k \cdot D k \end{aligned}\right.$$

und haben die Summe $\sum$ über alle Unstetigkeitsflächen zu erstrecken, das erste Integral der rechten Seite aber über die Oberfläche $\bar\omega$ des betrachteten Raumgebietes k zu führen. Erweitert man schließlich k zum unendlichen Raume, versteht also unter seiner Oberfläche $\bar\omega$ die Kugelfläche mit unendlich wachsendem Radius, so verschwindet dieses erste Integral rechts infolge der Eigenschaften, die φ und $\mathfrak{E}$ im Unendlichen besitzen, und wir erhalten das Ergebnis

$$19)\quad \int_k \varepsilon\, \mathfrak{E}^2 \cdot D k = 4\pi \sum \varphi_i e_i$$

oder nach 13)

$$20)\quad V = \tfrac{1}{2} \sum \varphi_i e_i = \frac{1}{8\pi} \int_k \varepsilon\, \mathfrak{E}^2 \cdot D k.$$

Zweiter Abschnitt.

Das magnetische Feld.

1. Mit der Darlegung dieser MAXWELLschen analytischen Behandlung der FARADAYschen Anschauungen über die elektrostatischen Zustände sind wir nun freilich der geschichtlichen Entwickelung weit vorangeeilt. Kehren wir zurück zu FARADAYS Bestrebungen, das Wesen elektrischer und magnetischer Vorgänge von Grund aus neu zu erfassen! Wir sahen, wie der Zustand, in den irgend eine nichtleitende Substanz im elektrischen Felde gerät, dem großen Forscher als eine elektrische Polarisation der Volumelemente erschien, ganz entsprechend der magnetischen Polarisation, in die Eisen im Magnetfelde gerät.

Nur Eisen? Sollte diese auf elektrostatischem Gebiete allgemein für alle Substanzen festgestellte Zustandsänderung wirklich im Falle magnetischer Kräfte auf Eisen und die ganz vereinzelten Stoffe beschränkt sein, die man seit langem als magnetisierbar kannte?

Auch hier, auf dem Gebiete des Magnetismus, lichtete FARADAY unsere Naturerkenntnis, ja hier war sein experimenteller Erfolg sogar größer, als auf elektrischem Gebiete; er konnte die Zustandsänderung, die gewisse Stoffe im Magnetfelde erfahren, nicht nur durch die von ihnen verursachte Änderung der magnetischen Anziehungen und Abstoßungen nachweisen, sondern sogar unmittelbar sichtbar machen durch den Nachweis, daß durch sie hindurchgehendes Licht beeinflußt wird. Im Jahre 1845 entdeckte FARADAY die Drehung der Polarisationsebene im magnetischen Felde, in den folgenden Jahren 1846 und 1847 die Erscheinungen des Diamagnetismus. Die Idee, daß sich der elektrotonische Zustand durch die Polarisation des Lichtes verraten müsse, hat übrigens nicht weniger als 25 Jahre in der Luft gelegen, denn bereits in seiner vom 21. Juli 1820 datierten ersten Anzeige seiner Entdeckung schließt OERSTED seine Gedanken über die Kreisbahnen des von ihm als elektrischer Konflikt bezeichneten elektromagnetischen Feldes mit den Worten: quod ad phaenomena, quae polaritatem lucis appellant, illustranda perquam facere puto.

2. Auf Grund dieser Erfahrungen gelangt FARADAY dazu, in jedem Punkte P des Magnetfeldes einen Vektor $\mathfrak{M}$, die magnetische Intensität oder Feldstärke, vorhanden zu denken, zu der ein jeder Magnetpol m den Beitrag

$$\frac{m}{\mu r^2}$$

liefert, wenn er um r vom Punkte P absteht. Dabei bezeichnet aber μ im Gegensatz zu den früheren Ansichten, aber in Analogie zu dem ε der elektrischen Feldstärke, eine von der Substanz, die die Umgebung des Pols m bis P hin erfüllt, abhängige positive Konstante, die Permeabilität der Substanz. Für das Vakuum und sehr nahe auch für Luft hat diese Konstante einen Wert, der μ_0 heißen möge. Dann nennt man die Stoffe, deren $\mu > \mu_0$ paramagnetisch, die für welche $\mu < \mu_0$ ist diamagnetisch. Der Gedanke, trotz des dem Verhalten der magnetischen Körper entgegengesetzten Verhaltens der diamagnetischen Stoffe, doch allen Körpern positive Werte von μ zuzuschreiben und nur durch den Unterschied der Permeabilität eines Stoffes gegen die seiner Umgebung die Verschiedenheit zu erklären, rührt von Becquerel her.

Übrigens ist noch die Zahl

21a) $$\varkappa = \frac{\mu - \mu_0}{4\pi\mu_0}$$

als Suszeptibilität eingeführt worden, die für diamagnetische Stoffe negativ ist, für paramagnetische positiv, sehr groß nur für Eisen. Auch ist

21b) $$\frac{\mu}{\mu_0} = 1 + 4\pi\varkappa.$$

Ferner wird, wieder in Analogie mit dem für das elektrische Feld Besprochenen, $\mu \cdot \mathfrak{M}$ die magnetische Polarisation im Punkte P genannt und nun geometrisch mittels der Intensitätsröhren und analytisch mittels der Differentialgleichung und der Grenzbedingungen das magnetische Feld ganz so beschrieben, wie dem vorigen Abschnitte gemäß das elektrische.

Die magnetischen Kraftlinien, z. B. eines Elektromagneten, die eine von einem elektrischen Strome berandete Fläche durchsetzen, laufen nach der Richtung, in der sich eine in Richtung des Stromes gedrehte Rechtsschraube vorschiebt. Sie sind also überall außerhalb eines Magneten von dessen Nordpole zum Südpole hin gerichtet. Einen elektrisch durchströmten Draht umkreisen die Linien seiner magnetischen Intensität so, daß der in ihrer Richtung schwimmende, den Strom anblickende, den Strom nach links hin fließen sieht.

Sehr anschaulich wird bei dieser Faradayschen Darstellungsweise schon in ihrer ursprünglichsten Gestalt der Unterschied des

Feldes eines röhrenförmigen Magneten und des Feldes eines Solenoids erfaßt. Die Kraftlinien des Magneten laufen von der einen ringförmigen Polfläche zur andern, die einer solenoidartigen Drahtspule sind in sich geschlossen und umgeben die Spule in der aus der Figur ersichtlichen Weise.

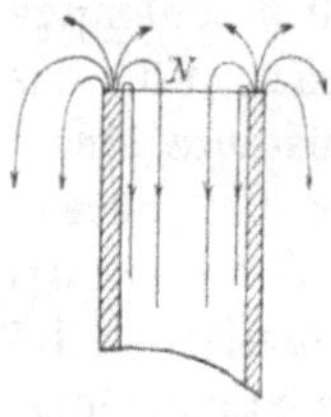

Fig. 26a.

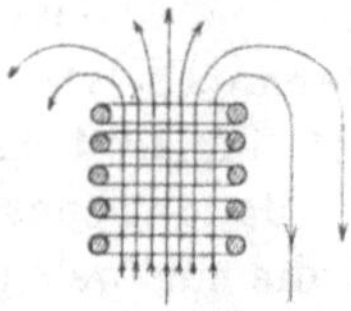

Fig. 26b.

Ganz besonders erwies sich auf dem Gebiete der Induktionserscheinungen diese neue Beschreibung der älteren NEUMANNschen überlegen. Das Potential eines Magneten oder eines geschlossenen Stromes auf einen geschlossenen Strom ist, zufolge der Formeln 60) und 61) auf S. 44

$$P = -\frac{J}{c} \cdot N,$$

wenn wie in Gleichung 10) S. 106

$$N = \int_F \mu \mathfrak{M}_n \cdot DF$$

die Zahl der magnetischen Intensitätslinien darstellt, von denen die Fläche des Stromes J durchsetzt wird. Nach dem NEUMANNschen Induktionsgesetze 8) S. 53 hat man also die induzierte elektromotorische Kraft

$$E = -\frac{1}{c}\frac{dN}{dt}.$$

Die Einfachheit dieses Zusammenhangs mußte von Anfang an die Aufmerksamkeit auf die FARADAYsche Beschreibung des Feldes durch Kraftlinien lenken und ließ erkennen, wie naturgemäß sie ist.

Nur daß es auf dem magnetischen Gebiete nichts den Leitern der Elektrizität Analoges gibt, und daß magnetische Massen m nur im Eisen und sehr wenigen, als ferromagnetisch bezeichneten Stoffen existieren, aus denen sich permanente Magnete bilden lassen, bedingt Unterschiede der magnetischen von den elektrostatischen Erscheinungen, — abgesehen von dem soeben besprochenen Umstand, daß μ für manche Stoffe größer, für andere kleiner als μ_0 ist, während ε immer größer als ε_0 befunden wurde. Auch ist bei den ferromagnetischen Stoffen μ eine Funktion von $\mathfrak{M}$, während es bei den übrigen Stoffen, wie ε immer, als konstant angesehen werden darf.

Aus der analytischen Analogie zwischen dem elektrischen und dem magnetischen Felde ergibt sich noch der Wert der magnetischen Energie. Unterscheiden wir die für die beiden verglichenen Energien gültigen Funktionen durch Indizierung, so ist entsprechend Gleichung 20)

$$22)\quad \begin{cases} V_e = \frac{1}{8\pi}\int \varepsilon\,\mathfrak{E}^2 \cdot Dk = \frac{1}{2}\sum \varphi_e \cdot e, \\ V_m = \frac{1}{8\pi}\int \mu\,\mathfrak{M}^2 \cdot Dk = \frac{1}{2}\sum \varphi_m \cdot m. \end{cases}$$

3. Die magnetische Energie kann zur Berechnung der Selbstinduktionskoeffizienten benutzt werden, da ja ein geschlossener Strom wirkt wie eine magnetische Doppelschicht. Wird ein Kreiszylinder vom Radius a, dessen Achse die z-Achse eines rechtwinkligen Koordinatensystems sei, in Richtung der positiven z von einem Strome J gleichförmig durchströmt, so ist die Strömung $i = J : \pi a^2$. Die magnetische Feldintensität in einem um r von der z-Achse abstehenden Punkte ist dann senkrecht zu r und zur z-Achse gerichtet und hat nach Gleichung 3) S. 7 die Größe

$$23\text{a})\quad \mathfrak{M} = \frac{2J}{rc} \quad \text{für} \quad r \geqq a,$$

so daß

$$23\text{b})\quad \mathfrak{M}_x = -\frac{2J}{r^2 c}y, \quad \mathfrak{M}_y = \frac{2J}{r^2 c}x, \quad \mathfrak{M}_z = 0.$$

Die Gleichung 57) S. 43

$$24)\quad \int(\mathfrak{M}_x \cdot Dx + \mathfrak{M}_y \cdot Dy + \mathfrak{M}_z \cdot Dz) = \frac{4\pi}{c} i \cdot F,$$

in der das Integral über den Rand der Fläche F zu erstrecken ist, ergibt tatsächlich, auf den Querschnitt des Zylinders, also für $r = a$ angewendet, $i = J : \pi a^2$. Damit auch für jeden im Zylinder abgegrenzten Teilquerschnitt, also für jeden Kreis um die z-Achse mit kleinerem Radius als a sich aus vorstehender Gleichung 24) die gleiche Strömung i ergibt, muß man setzen

$$25\text{a})\quad \mathfrak{M} = \frac{2J}{a^2 c} \cdot r \quad \text{für} \quad r \leqq a,$$

$$25\text{b})\quad \mathfrak{M}_x = -\frac{2J}{a^2 c}y, \quad \mathfrak{M}_y = \frac{2J}{a^2 c}x, \quad \mathfrak{M}_z = 0.$$

Die magnetische Energie für ein Leiterstück, das von zwei zur x-Achse senkrechten Ebenen, deren Abstand h sei, begrenzt ist, findet sich nun nach Gleichung 22), wenn μ_i die Permeabilität des Leiters bezeichnet,

$$26)\quad V_i = \frac{h}{8\pi}\int_0^a \mu_i \mathfrak{M}^2 \cdot 2\pi r \cdot dr = \frac{h}{8\pi}\int_0^a \mu_i \left(\frac{2Jr}{a^2 c}\right)^2 \cdot 2\pi r \cdot dr = \frac{h}{4c^2}\mu_i J^2.$$

Möge nun die Rückleitung in einem ebenso beschaffenen, dem betrachteten parallelen Zylinder erfolgen. Dann ist die in beiden Zylindern vorhandene magnetische Energie $2V_i$, wenn der Achsenabstand b der beiden Leitungen so groß ist, daß der eine Zylinder nicht merklich die Verteilung der magnetischen Kraft im andern zu beeinflussen vermag.

Um nun weiter die magnetische Energie des die zylindrischen Drähte umgebenden unendlichen Raumes zwischen den im Abstande h angenommenen Ebenen zu ermitteln, denken wir uns den Ausdruck 22) für sie

$$V_a = \frac{1}{8\pi}\int \mu_a \mathfrak{M}^2 Dk$$

nach Art der in Gleichung 18) S. 109 besprochenen Umformung in die Gestalt

$$27)\quad V_a = \frac{1}{8\pi}\int_\omega \varphi \cdot \mu_a \mathfrak{M}_n \cdot D\omega$$

gebracht, wo nun das Integral über die Elemente der Fläche ω erstreckt werden muß, auf der die Potentialfunktion φ der magnetischen Intensität unstetig ist. Nun springt aber diese Funktion, wie auf S. 43 zu Gleichung 57) erörtert wurde, an der zwischen den beiden Drähten sich erstreckenden Unstetigkeitsfläche als die wir das von den Drahtachsen begrenzte Rechteck wählen, dessen Länge h ist, um $4\pi J : c$; daher, und weil die Intensität, die von Hin- und Rückleitung herrührt, doppelt so groß ist als die in 23) berechnete, folgt

$$28)\quad V_a = \frac{J}{2c}\int_\omega \mu_a \mathfrak{M}_n D\omega = \frac{J}{2c}\int_a^{b-a} \mu_a \cdot \frac{4J}{cr} h\,dr = 2\frac{J^2 \mu_a}{c^2} h \cdot l\,\frac{b-a}{a}.$$

Die gesamte magnetische Energie zwischen den um h abstehenden Ebenen ist demnach

$$29)\quad V = 2V_i + V_a = \tfrac{1}{2} h \frac{J^2}{c^2}\left\{\mu_i + 4\mu_a l\,\frac{b-a}{a}\right\}.$$

Man sagt daher, die Längeneinheit $h = 1$ einer Hin- und Rückleitung, die aus zwei parallelen zylindrischen Drähten im Abstande b bestehen, der groß gegen den Radius a der Drähte ist, besitze bei hinreichender Länge der Leitung einen Selbstinduktionskoeffizienten (vgl. S. 68)

30) $$\Psi = \frac{1}{c^2}\left\{\mu_i + 4\,\mu_a\, l\,\frac{b-a}{a}\right\}.$$

Nach Gleichung 34) S. 70 gibt der Differentialquotient $+\frac{\partial V}{\partial h}$ die Kraft, welche die beiden parallelen Drähte auf eine sie verbindende Brücke ausüben, während $+\frac{\partial V}{\partial b}$ die Kraft darstellt, mit der beide Drähte aufeinander wirken; man findet so die Gleichungen 15) S. 30 bzw. 13) S. 29 bestätigt, soweit das wegen des Umstandes, daß letztere Formeln die Magnetisierung des durchströmten Gebietes nicht berücksichtigen, möglich ist. Bemerkenswert ist, daß in beiden Fällen die Stromfläche das Bestreben zeigt, sich zu vergrößern.

In derselben Weise findet man den Selbstinduktionskoeffizienten für einen Draht vom Radius r, der zu einem sehr großen Kreis vom Radius a gebogen ist. Man erhält zunächst wie in 26) die innere magnetische Energie

31) $$V_i = \tfrac{1}{2}\,\frac{\pi a}{c^2}\,\mu_i J^2,$$

da hier $2\pi a$ an Stelle der Leitungslänge h tritt, die bei der dort behandelten geradlinigen Leitung zu berücksichtigen war. Bedenkt man, daß im Falle des kreisförmigen Leiters als Unstetigkeitsfläche der Funktion φ eine Kreisfläche vom Radius $a - r$ gewählt und für das äußere Feld der Strom als linear in der Drahtachse verlaufend angesehen werden kann, so ergibt sich nach Gleichung 21) S. 55 die äußere magnetische Energie

32) $$V_a = 2\pi a\,\frac{J^2}{c^2}\,\mu_a\left(l\,\frac{8a}{r} - 2\right).$$

Somit ist die gesamte magnetische Energie

33) $$V = V_i + V_a = \tfrac{1}{2}\,\frac{\pi a}{c^2}\,J^2\left\{\mu_i + 4\,\mu_a\left(l\,\frac{8a}{r} - 2\right)\right\}$$

und der Selbstinduktionskoeffizient des kreisförmigen Leiters

34) $$\Psi = \frac{\pi a}{c^2}\left\{\mu_i + 4\,\mu_a\left(l\,\frac{8a}{r} - 2\right)\right\}.$$

4. Die Entdeckung des Diamagnetismus war Faradays letzte große Experimentalleistung. Im Jahre 1852 erschienen die theoretischen Ideen, die ihn bei seinen Experimentalarbeiten geleitet hatten und die immer aufs neue durch die Experimente geläutert worden waren, zusammengestellt unter dem Titel: Über die physikalische Natur der Kraftlinien, — gleichsam der Abschluß der von 1831 bis 1852 sich erstreckenden Veröffentlichungen: Experimentelle Untersuchungen über Elektrizität und Magnetismus.[1]

Geboren wurde Faraday zu Newington bei London 1791. Während er Buchbinderlehrling war, beschäftigten ihn abends naturwissenschaftliche Bücher und Vorlesungen. 1813 wurde er Famulus, das hieß gelegentlich Assistent, gelegentlich auch Kammerdiener, bei Davy, 1815 Assistent, 1821 Inspektor, 1825 Laboratoriumsdirektor bei der Royal Institution, an der er bis 1862 lehrte. Er starb 1867 zu Hampton Court bei London.

Dritter Abschnitt.

Das elektromagnetische Feld.

1. Bis hierher hat sich noch nicht so recht der Vorteil gezeigt, der darin liegt, daß Faraday an Stelle der Potentialflächen und der Potentialfunktion die Feldintensitäten in den Vordergrund des Interesses rückte. Solange man auf dem Gebiete der Elektrostatik und des Magnetismus bleibt, leisten beide Betrachtungsweisen das gleiche und können sich gegenseitig vertreten. Aber das Potential versagt, wenn man daran geht, den Zustand des elektromagnetischen Feldes zu betrachten: Da gibt es wohl noch elektrische und magnetische Feldstärken, aber sie besitzen, wenigstens im allgemeinen, keine Potentialfunktion im gewöhnlichen Sinne mehr. Der alte Standpunkt weiß da nur einen Ausweg, den wir bei der Darlegung der Arbeiten W. Webers kennen lernten: er konstruiert eine Potentialfunktion, die vom Bewegungszustande der sich beeinflussenden elektrischen Teilchen abhängig ist. Für Faradays Standpunkt liegt die Sache viel einfacher und erfordert keine neue Annahme, für ihn erscheint das elektromagnetische Feld eben als der allgemeinere Fall, daß die elektrischen und magnetischen Feldstärken kein Potential besitzen.

---

[1] Vgl. Anmerkung zu S. 49.

Besitzen die Vektorkomponenten $\mathfrak{E}_x$, $\mathfrak{E}_y$, $\mathfrak{E}_z$ keine Potentialfunktion φ, so wird nicht mehr wie im elektrostatischen Sonderfalle das über jede geschlossene im Felde verlaufende Kurve s erstreckte Integral

$$\int_s \mathfrak{E}_s \cdot D s$$

verschwinden. Auch werden nicht mehr die drei Differenzen

$$\frac{\partial \mathfrak{E}_z}{\partial y} - \frac{\partial \mathfrak{E}_y}{\partial z}, \quad \frac{\partial \mathfrak{E}_x}{\partial z} - \frac{\partial \mathfrak{E}_z}{\partial x}, \quad \frac{\partial \mathfrak{E}_y}{\partial x} - \frac{\partial \mathfrak{E}_x}{\partial y}$$

Null sein, wie es doch bei Existenz einer Funktion φ der Fall sein müßte, der die Eigenschaft zukäme:

$$\mathfrak{E}_x = -\frac{\partial \varphi}{\partial x}, \quad \mathfrak{E}_y = -\frac{\partial \varphi}{\partial y}, \quad \mathfrak{E}_z = -\frac{\partial \varphi}{\partial z}.$$

Übrigens ist die eine Bemerkung nach dem STOKESschen Satze identisch mit der andern, da ja

$$35)\quad \left\{ \begin{aligned} \int_s \mathfrak{E}_s \cdot D s = \int_\omega \Big\{ & \left(\frac{\partial \mathfrak{E}_z}{\partial y} - \frac{\partial \mathfrak{E}_y}{\partial z}\right) \cos(n x) + \left(\frac{\partial \mathfrak{E}_x}{\partial z} - \frac{\partial \mathfrak{E}_z}{\partial x}\right) \cos(n y) \\ & + \left(\frac{\partial \mathfrak{E}_y}{\partial x} - \frac{\partial \mathfrak{E}_x}{\partial y}\right) \cos(n z) \Big\} D\omega, \end{aligned} \right.$$

wenn ω eine von der geschlossenen Kurve s berandete Fläche darstellt, deren Element die hinsichtlich des Umlaufs s positive Normale n besitzt.

Ganz entsprechendes gilt für die Vektorkomponenten $\mathfrak{M}_x$, $\mathfrak{M}_y$, $\mathfrak{M}_z$. Wer also das Verhalten des elektromagnetischen Feldes analytisch zu beschreiben unternimmt, steht vor allem vor der Frage, wie groß denn unter gegebenen Umständen die Linienintegrale der elektrischen und magnetischen Intensität sind. Für FARADAY trat diese Frage nicht hervor, weil er nicht analytisch dachte, für ihn war mit der Angabe der beiden Feldstärken die Aufgabe des Physikers erledigt. MAXWELL aber, der analytisch FARADAYS Ideen interpretiert, nahm diese Frage auf, um sie in den Arbeiten der Vorgänger im wesentlichen beantwortet zu finden.

2. Den Wert des über eine geschlossene Kurve erstreckten Integrals von $\mathfrak{E}_s \cdot Ds$ liefert das NEUMANNsche Induktionsgesetz. Denn wendet man Gleichung 8) S. 53 auf eine in einem Leiter sich hinerstreckende geschlossene Röhre vom Querschnitt 1 an, so ergibt sich unter Berücksichtigung von 77c) S. 89

$$36)\qquad \int_s (\mathfrak{E}_x \cdot Dx + \mathfrak{E}_y \cdot Dy + \mathfrak{E}_z \cdot Dz) = \frac{dP^1}{dt},$$

und dafür kann nach 60) S. 44 auch

$$37)\qquad \left\{ \begin{aligned} &\int_s (\mathfrak{E}_x \cdot Dx + \mathfrak{E}_y \cdot Dy + \mathfrak{E}_z \cdot Dz) \\ &\quad = -\frac{d}{dt}\frac{\mu}{c}\int_\omega [\mathfrak{M}_x \cos(nx) + \mathfrak{M}_y \cos(ny) + \mathfrak{M}_z \cos(nz)]\, D\omega \end{aligned} \right.$$

geschrieben werden. Wendet man diese Formel auf beliebig kleine Strombahnen in ruhenden durchströmten Körpern an und vergleicht sie mit 35), so gelangt man zu dem Ansatze

$$38)\qquad \left\{ \begin{aligned} \frac{\partial(\mu\,\mathfrak{M}_x)}{\partial t} &= -c\left(\frac{\partial \mathfrak{E}_z}{\partial y} - \frac{\partial \mathfrak{E}_y}{\partial z}\right), \\ \frac{\partial(\mu\,\mathfrak{M}_y)}{\partial t} &= -c\left(\frac{\partial \mathfrak{E}_x}{\partial z} - \frac{\partial \mathfrak{E}_z}{\partial x}\right), \\ \frac{\partial(\mu\,\mathfrak{M}_z)}{\partial t} &= -c\left(\frac{\partial \mathfrak{E}_y}{\partial x} - \frac{\partial \mathfrak{E}_x}{\partial y}\right). \end{aligned} \right.$$

Für bewegte Körper hat zuerst HERTZ 1890 die FARADAY-MAXWELLschen Grundsätze angewendet, doch soll im vorliegenden Buche auf diese Erweiterungen der MAXWELLschen Gleichungen nicht eingegangen werden.

3. Wie hier das Integral von $\mathfrak{E}_s \cdot Ds$ über eine geschlossene Kurve erstreckt und nach dem STOKESschen Satze umgeformt wurde, so kann man auch das Integral von $\mathfrak{M}_s \cdot Ds$ über eine geschlossene Kurve hinerstrecken. Man denke sich in einem durchströmten Leiter eine geschlossene Röhre n abgegrenzt, und stelle die Strömung in ihr durch einen Vektor i dar, so daß die Stromstärke

$$39)\qquad J = \int_\omega i_n \cdot D\omega.$$

Dann hat nach Gleichung 57) S. 43 das Integral, das über eine beliebige, jene Röhre s umschlingende, geschlossene Kurve m hinerstreckt ist, den Wert

$$40)\qquad \left\{ \begin{aligned} &\int_m (\mathfrak{M}_x \cdot Dx + \mathfrak{M}_y \cdot Dy + \mathfrak{M}_z \cdot Dz) \\ &\quad = \frac{4\pi}{c}\int_\omega [i_x \cos(nx) + i_y \cos(ny) + i_z \cos(nz)]\, D\omega. \end{aligned} \right.$$

Liegt die Kurve m auf der Oberfläche der Röhre n, so umrandet sie eine Fläche ω, deren Elemente die Flächennormale n besitzen, und nach dem STOKESschen Satze ist

$$41)\quad \begin{cases} \int\limits_m (\mathfrak{M}_x \cdot Dx + \mathfrak{M}_y \cdot Dy + \mathfrak{M}_z \cdot Dz) = \int\limits_\omega \left[\left(\frac{\partial \mathfrak{M}_z}{\partial y} - \frac{\partial \mathfrak{M}_y}{\partial z}\right)\cos(n\,x)\right. \\ \left. + \left(\frac{\partial \mathfrak{M}_x}{\partial z} - \frac{\partial \mathfrak{M}_z}{\partial x}\right)\cos(n\,y) + \left(\frac{\partial \mathfrak{M}_y}{\partial x} - \frac{\partial \mathfrak{M}_x}{\partial y}\right)\cos(n\,z)\right] D\omega. \end{cases}$$

Der Vergleich führt bei Anwendung der Gleichungen auf beliebig kleine Kurven m zu dem Ansatze

$$42)\quad \begin{cases} 4\pi i_x = c\left(\frac{\partial \mathfrak{M}_z}{\partial y} - \frac{\partial \mathfrak{M}_y}{\partial z}\right), \quad 4\pi i_y = c\left(\frac{\partial \mathfrak{M}_x}{\partial z} - \frac{\partial \mathfrak{M}_z}{\partial x}\right), \\ 4\pi i_z = c\left(\frac{\partial \mathfrak{M}_y}{\partial x} - \frac{\partial \mathfrak{M}_x}{\partial y}\right). \end{cases}$$

4. Die Verallgemeinerung dieser Gleichungen auf Nichtleiter ist die eigenartigste Wendung der MAXWELLschen Entwickelungen wie ja überhaupt in der Behandlung der Nichtleiter das Originale der FARADAY-MAXWELLschen Theorie liegt. Nach Gleichung 85) S. 91 folgt aus der Vorstellung von der strömenden Bewegung

$$43)\quad \frac{\partial i_x}{\partial x} + \frac{\partial i_y}{\partial y} + \frac{\partial i_z}{\partial z} = -\frac{\partial \delta_k}{\partial t},$$

wenn unter δ_k die elektrische Dichte in einem an der Stelle $(x\,|\,y\,|\,z)$ befindlichen Volumelement Dk des ruhenden Mittels verstanden wird. Nur während des stationären Strömungszustands kann also

$$43\text{b})\quad \frac{\partial i_x}{\partial x} + \frac{\partial i_y}{\partial y} + \frac{\partial i_z}{\partial z} = 0$$

sein, während nach 42) stets diese Bedingung erfüllt ist. Andrerseits ist nach Gleichung 12) S. 107 die elektrische Feldintensität so definiert, daß

$$44)\quad \frac{\partial(\varepsilon\,\mathfrak{E}_x)}{\partial x} + \frac{\partial(\varepsilon\,\mathfrak{E}_y)}{\partial y} + \frac{\partial(\varepsilon\,\mathfrak{E}_z)}{\partial z} = 4\pi\,\delta_k.$$

Aus 43) und 44) ergibt sich, daß

$$45)\quad \begin{cases} 4\pi i'_x = 4\pi i_x + \frac{\partial}{\partial t}(\varepsilon\,\mathfrak{E}_x), \quad 4\pi i'_y = 4\pi i_y + \frac{\partial}{\partial t}(\varepsilon\,\mathfrak{E}_y), \\ 4\pi i'_z = 4\pi i_z + \frac{\partial}{\partial t}(\varepsilon\,\mathfrak{E}_z) \end{cases}$$

die Komponenten eines Vektors i' sind, der die Gleichung 43b) des stationären Zustandes erfüllt, indem

$$46)\qquad \frac{\partial i'_x}{\partial x} + \frac{\partial i'_y}{\partial y} + \frac{\partial i'_z}{\partial z} = 0$$

ist. Diese Betrachtung führt dazu, die Gleichungen 42) nicht für i, aber für i' als allgemein gültig zu betrachten, also den Ansatz zu bilden

$$47)\qquad \begin{cases} 4\pi i_x + \frac{\partial}{\partial t}(\varepsilon \mathfrak{E}_x) = c\left(\frac{\partial \mathfrak{M}_z}{\partial y} - \frac{\partial \mathfrak{M}_y}{\partial z}\right), \\ 4\pi i_y + \frac{\partial}{\partial t}(\varepsilon \mathfrak{E}_y) = c\left(\frac{\partial \mathfrak{M}_x}{\partial z} - \frac{\partial \mathfrak{M}_z}{\partial x}\right), \\ 4\pi i_z + \frac{\partial}{\partial t}(\varepsilon \mathfrak{E}_z) = c\left(\frac{\partial \mathfrak{M}_y}{\partial x} - \frac{\partial \mathfrak{M}_x}{\partial y}\right). \end{cases}$$

Im stationären Zustande gehen diese Gleichungen in 42) über, ebenso wie bei Nichtberücksichtigung der dielektrischen Polarisation.

Mit Berücksichtigung der Gleichungen 78a) S. 89 erhalten die Gleichungen 47) folgende Gestalt:

$$48)\qquad \begin{cases} 4\pi \lambda(\mathfrak{E}_x - \mathfrak{E}_x^*) + \frac{\partial}{\partial t}(\varepsilon \mathfrak{E}_x) = c\left(\frac{\partial \mathfrak{M}_z}{\partial y} - \frac{\partial \mathfrak{M}_y}{\partial z}\right), \\ 4\pi \lambda(\mathfrak{E}_y - \mathfrak{E}_y^*) + \frac{\partial}{\partial t}(\varepsilon \mathfrak{E}_y) = c\left(\frac{\partial \mathfrak{M}_x}{\partial z} - \frac{\partial \mathfrak{M}_z}{\partial x}\right), \\ 4\pi \lambda(\mathfrak{E}_z - \mathfrak{E}_z^*) + \frac{\partial}{\partial t}(\varepsilon \mathfrak{E}_z) = c\left(\frac{\partial \mathfrak{M}_y}{\partial x} - \frac{\partial \mathfrak{M}_x}{\partial y}\right). \end{cases}$$

Darin bedeuten λ die Leitfähigkeit, ε die Dielektrizitätskonstante des die Stelle $(x|y|z)$ erfüllenden Stoffes, $\mathfrak{E}$ und $\mathfrak{M}$ die dort herrschende elektrische und magnetische Intensität, $\mathfrak{E}^*$ die daselbst von äußeren, insbesondere galvanischen Ursachen aufgezwungene elektromotorische Kraft.

Differenziert man die Gleichungen 48) nach x bzw. y und z und addiert, so erhält man unter Berücksichtigung von 44)

$$49)\quad 4\pi\frac{\lambda}{\varepsilon}(\delta_k - \delta_k^*) + \frac{\partial}{\partial t}(\delta_k) = 0, \qquad \delta_k - \delta_k^* = \alpha\cdot e^{-4\pi\frac{\lambda}{\varepsilon}t} = \alpha\, e^{-(t:T)},$$

d. h. in allen Körpern, in denen λ nicht Null ist, also in allen Leitern nimmt eine etwa vorhandene elektrische Ladung von der Dichte α schnell bis zu dem Werte δ_k^* ab, der aus äußeren, nicht dem elektromagnetischen Systeme angehörigen Ursachen der betrachteten Stelle $(x|y|z)$ zukommt. In der Zeit $T = 4\pi\lambda:\varepsilon$, der sogenannten **Relaxationszeit**, vermindert sich die Ladung auf den e^{ten} Teil.

5. Die vorangehenden Entwickelungen zeigen zunächst nur, daß die Gleichungen 38) und 48) den Integralgesetzen der älteren Elektrodynamik nicht widersprechen, sondern deren Auffassung im Sinne des FARADAYschen Ideenkreises zum analytischen Ausdruck bringen. Diese Gleichungen 38) und 48) sind es nun, die von der neueren Elektrodynamik als die Elementargesetze angesehen und für das ganze Feld, für Leiter und Nichtleiter, angewendet werden. Die in ihnen sich aussprechende merkwürdige Reziprozität der magnetischen und elektrischen Feldstärken hat MAXWELL noch nicht bemerkt; erst OLIVER HEAVISIDE hat sie 1885 hervorgehoben und die beiden Gleichungsgruppen als ein Duplexsystem bezeichnet. HERTZ 1884 und HEAVISIDE 1885 erkannten, daß der ganze Inhalt der MAXWELLschen Theorie durch diese Gleichungen 38) und 48) in Verbindung mit den Angaben 22) für die Energie des Feldes

50) $$W = V_e + V_m = \frac{1}{8\pi}[\int \varepsilon \mathfrak{E}^2 \cdot Dk + \int \mu \mathfrak{M}^2 Dk]$$

wiedergegeben wird, und 1890 hat HERTZ diese Erkenntnis systematisch durchgearbeitet.

Je größer die Erfolge der MAXWELLschen Ergebnisse wuchsen, um so mehr wurden die Schwächen in ihrem Aufbau erkannt. Mit unerschütterlicher Überzeugung von ihrer Wahrheit verfolgte JAMES CLERK MAXWELL (geb. 1831 zu Middlebie, gest. 1879 zu Cambridge) die FARADAYschen Ideen und findet — wie das noch im nächsten Abschnitt hervortreten wird — immer neue Gestaltungen für sie. Aber die Kühnheit seiner Gedankenbauten überwiegt ihre logische Zuverlässigkeit, und das Geschick MAXWELLS, bereits von andern Forschern entwickelte Theorien in seine Pläne einzubauen, ist bewundernswerter, als seine Fähigkeit, dies weite Gebiet zu einem logisch unanfechtbaren, mathematisch befriedigenden System zusammenzuschließen. Der Physiker, der das Ergebnis der MAXWELLschen Theorien, das, was MAXWELL erkannt hatte, durch den experimentellen Nachweis der Wellenfortpflanzung elektrischer Vorgänge zum endgültigen Siege führte, HEINRICH HERTZ (geb. 1857 in Hamburg, gest. 1. Januar 1894 in Bonn) war auch der erste scharfe Kritiker des MAXWELLschen Systems und lehnte im Grunde die ganze Art, wie MAXWELL seine Erkenntnisse aufbaut, alle theoretischen Versuche MAXWELLS, als mißglückt ab, so sehr er das Schlußergebnis, die obigen Gleichungssysteme, als erfahrungsmäßig gesichert anerkennt. POINCARÉ 1891 und besonders ausführlich DUHEM 1902 haben MAXWELLS Fehler bei aller Anerkennung seiner Erfolge hervorgekehrt. In den Ausführungen des vorliegenden Buches ist der HERTZschen Auffassung gemäß das Wesentlichste der MAXWELLschen Theorien wiederzugeben versucht worden.

6. In den Gleichungen 38) und 48) spricht sich wohl am eindringlichsten die neue Anschauung über das Wesen der Naturerscheinungen aus, die FARADAY an Stelle der alten NEWTONschen Anschauungsweise gesetzt hat. Nach letzterer bringt, auch nach ihren Umgestaltungen in der Potential- und der Dielektrizitätstheorie, ein im Orte A gegebener Zustand einen bestimmten Zustand im Orte B hervor, z. B. erzeugt eine Masse A Beschleunigung einer in B befindlichen Masse. Obschon in den älteren Auffassungen die Kausalitätsverknüpfung zwischen beiden Zuständen für sehr wesentlich gehalten wird und in der Form der Kraftwirkung, die A auf B ausübt, einen sehr bestimmten Ausdruck findet, können wir doch für den Augenblick von dieser Beziehung der Ursache und Wirkung absehen und unter allen Zügen, die die älteren Auffassungen kennzeichnen, nur den einen betonen, daß gleichzeitig mit einem in A gegebenen Zustand ein gewisser Zustand in B besteht.

Ganz anders bei FARADAY. Nach den Gleichungen 38) und 48) ist die zeitliche Veränderung eines Zustandes in A, dem Punkte $(x \mid y \mid z)$, mit der räumlichen Veränderung eines anderen Zustandes in A, und A allein, verknüpft, — die zeitliche Änderung von $\mathfrak{E}$ mit dem Quirl von $\mathfrak{M}$, und die zeitliche Änderung von $\mathfrak{M}$ mit dem Quirl von $\mathfrak{E}$, — Differentialquotienten nach der Zeit stehen mit Differentialquotienten nach den Koordinaten in mathematisch festgelegter Beziehung.

Ja, — wenn auch der Physiker vorziehen wird, sich A als Volumelement vorzustellen, um anschaulich von Zustandsänderungen reden zu können, — für die mathematische Formulierung der Differentialquotienten ist sogar A ein mathematischer Punkt. Wie dann in anderen Punkten die Zustände sich ergeben, ist mittels des mathematischen Zusammenhangs zwischen den Werten einer Funktion und den Werten ihrer Differentialquotienten bestimmbar, ist keine physikalische, sondern eine mathematische Frage. So ist denn der alte Bedarf an Kräften und Kausalitätsvorstellungen auf diesem Wege sehr gründlich beseitigt. DRUDE hat 1894 auf diesen Zug der FARADAYschen Anschauungen mit besonderem Nachdruck hingewiesen, indem er den NEWTONschen Fernwirkungen die FARADAYschen Nahewirkungen in obigem Sinne der Wirkung im selben Punkte gegenüberstellte.

7. Den entscheidenden Prüfstein der MAXWELLschen Aufstellungen, vor allem seiner Übertragung und Erweiterung der zunächst für Leiter festgestellten Ansätze auf Nichtleiter, auf das gesamte Feld, lieferte eine Folgerung, die der MAXWELLschen Theorie den Namen der elektromagnetischen Theorie des Lichtes eingebracht hat.

Für eine nicht leitende, homogene Substanz nämlich, für die also $\lambda = 0$, ε und μ aber unabhängig von x, y und z sind, bestehen die beiden Gleichungssysteme

$$
51)\quad \left\{
\begin{aligned}
\frac{\partial(\mu\,\mathfrak{M}_x)}{\partial t} &= -c\left(\frac{\partial \mathfrak{E}_z}{\partial y} - \frac{\partial \mathfrak{E}_y}{\partial z}\right), & \frac{\partial(\varepsilon\,\mathfrak{E}_x)}{\partial t} &= c\left(\frac{\partial \mathfrak{M}_z}{\partial y} - \frac{\partial \mathfrak{M}_y}{\partial z}\right),\\
\frac{\partial(\mu\,\mathfrak{M}_y)}{\partial t} &= -c\left(\frac{\partial \mathfrak{E}_x}{\partial z} - \frac{\partial \mathfrak{E}_z}{\partial x}\right), & \frac{\partial(\varepsilon\,\mathfrak{E}_y)}{\partial t} &= c\left(\frac{\partial \mathfrak{M}_x}{\partial z} - \frac{\partial \mathfrak{M}_z}{\partial x}\right),\\
\frac{\partial(\mu\,\mathfrak{M}_z)}{\partial t} &= -c\left(\frac{\partial \mathfrak{E}_y}{\partial x} - \frac{\partial \mathfrak{E}_x}{\partial y}\right), & \frac{\partial(\varepsilon\,\mathfrak{E}_z)}{\partial t} &= c\left(\frac{\partial \mathfrak{M}_y}{\partial x} - \frac{\partial \mathfrak{M}_x}{\partial y}\right).
\end{aligned}
\right.
$$

Aus ihnen folgen durch Elimination eines der beiden in ihnen auftretenden Vektoren zwei neue Systeme, deren erste Gleichung lautet

$$
52\text{a})\quad \left\{
\begin{aligned}
\frac{\partial^2(\mu\,\mathfrak{M}_x)}{\partial t^2} = -\frac{c^2}{\varepsilon}\Bigg\{&\frac{\partial}{\partial x}\left(\frac{\partial \mathfrak{M}_x}{\partial x} + \frac{\partial \mathfrak{M}_y}{\partial y} + \frac{\partial \mathfrak{M}_z}{\partial z}\right)\\
&- \left(\frac{\partial^2 \mathfrak{M}_x}{\partial x^2} + \frac{\partial^2 \mathfrak{M}_y}{\partial y^2} + \frac{\partial^2 \mathfrak{M}_z}{\partial z^2}\right)\Bigg\}.
\end{aligned}
\right.
$$

Weiter folgt aus 51), daß

$$
52\text{b})\quad \frac{\partial}{\partial t}\left(\frac{\partial\,\mu\,\mathfrak{M}_x}{\partial x} + \frac{\partial\,\mu\,\mathfrak{M}_y}{\partial y} + \frac{\partial\,\mu\,\mathfrak{M}_z}{\partial z}\right) = 0,
$$

daß also in unserem Falle der Ausdruck

$$
52\text{c})\quad \frac{\partial \mathfrak{M}_x}{\partial x} + \frac{\partial \mathfrak{M}_y}{\partial y} + \frac{\partial \mathfrak{M}_z}{\partial z}.
$$

einen konstanten Wert besitzt.

Wir verfolgen nun die Annahme weiter, daß dieser konstant bleibende, also durch den Anfangszustand gegebene Betrag Null sei. Wäre er nicht Null, so würde sich übrigens nur ein mittels einer Potentialfunktion bestimmbares Feld dem von uns zu betrachtenden superponieren. Setzen wir

$$
53\text{a})\quad \frac{\partial \mathfrak{M}_x}{\partial x} + \frac{\partial \mathfrak{M}_y}{\partial y} + \frac{\partial \mathfrak{M}_z}{\partial z} = 0,
$$

so ergibt sich die Differentialgleichung

$$
53\text{b})\quad \frac{\partial^2 \mathfrak{M}_x}{\partial t^2} = +\frac{c^2}{\varepsilon\mu}\left(\frac{\partial^2 \mathfrak{M}_x}{\partial x^2} + \frac{\partial^2 \mathfrak{M}_y}{\partial y^2} + \frac{\partial^2 \mathfrak{M}_z}{\partial z^2}\right)
$$

und ebensolche Gleichungen finden sich für $\mathfrak{M}_y$ und $\mathfrak{M}_z$, wie für $\mathfrak{E}_x$, $\mathfrak{E}_y$ und $\mathfrak{E}_z$. Das sind aber dieselben Gleichungen, nach denen sich in einem isotropen elastischen Mittel eine Gleichgewichtsstörung verändert, vor allem stellt $c^2 : \varepsilon\mu$ das Quadrat der Fortpflanzungsgeschwindigkeit dar, mit der sich diese Störung im elastischen Medium ausbreitet. Denkt man sich insbesondere unter $\mathfrak{M}$ die Deformation im Punkte $(x|y|z)$ des elastischen Mediums, so bedeutet die Bedingung 52b), daß das Medium inkompressibel ist. Denkt man sich dagegen unter $\mathfrak{M}$ die Verwindung im Punkte $(x|y|z)$, die mit der Deformation $(u|v|w)$ durch die Gleichungen

$$2\cdot\mathfrak{M}_x = \frac{\partial w}{\partial y} - \frac{\partial v}{\partial z},\quad 2\cdot\mathfrak{M}_y = \frac{\partial u}{\partial z} - \frac{\partial w}{\partial x},\quad 2\cdot\mathfrak{M}_z = \frac{\partial v}{\partial x} - \frac{\partial u}{\partial y}$$

verknüpft ist, so ist die Beschränkung auf inkompressible Mittel nicht erforderlich, sondern 52b) stets erfüllt.

8. Wenn nun insbesondere die Vektoren $\mathfrak{E}$ und $\mathfrak{M}$ als unabhängig von y und z und als rein periodische Funktionen der Zeit angesehen werden, so geht das System 51) über in

$$54)\quad \begin{cases} \dfrac{\partial \mathfrak{E}_x}{\partial t} = 0, & \dfrac{\partial \mathfrak{M}_x}{\partial t} = 0, \\[2mm] \varepsilon\dfrac{\partial \mathfrak{E}_y}{\partial t} = -c\dfrac{\partial \mathfrak{M}_z}{\partial x}, & \mu\dfrac{\partial \mathfrak{M}_y}{\partial t} = +c\dfrac{\partial \mathfrak{E}_z}{\partial x}, \\[2mm] \varepsilon\dfrac{\partial \mathfrak{E}_z}{\partial t} = +c\dfrac{\partial \mathfrak{M}_y}{\partial x}, & \mu\dfrac{\partial \mathfrak{M}_z}{\partial t} = -c\dfrac{\partial \mathfrak{E}_y}{\partial x}, \end{cases}$$

und da jede der sechs Funktionen $\mathfrak{E}_x$ bis $\mathfrak{M}_z$ der Gleichung 53)

$$\frac{\partial^2}{\partial t^2} = -\frac{c^2}{\varepsilon\mu}\cdot\frac{\partial^2}{\partial x^2}$$

genügen, auch die Bedingung 52b) für $\mathfrak{E}$ und $\mathfrak{M}$ erfüllt sein muß, so darf, wenn man τ, a, b, α, β als Integrationskonstanten einführt, gesetzt werden

$$55)\quad \begin{cases} \mathfrak{E}_x = 0, & \mathfrak{M}_x = 0, \\[2mm] \mathfrak{E}_y = \dfrac{a}{\sqrt{\varepsilon}}\sin\dfrac{2\pi}{\tau}\left(t - \dfrac{x}{c}\sqrt{\varepsilon\mu} + \alpha\right), & \mathfrak{M}_y = -\dfrac{b}{\sqrt{\mu}}\sin\dfrac{2\pi}{\tau}\left(t - \dfrac{x}{c}\sqrt{\varepsilon\mu} + \beta\right), \\[2mm] \mathfrak{E}_z = \dfrac{b}{\sqrt{\varepsilon}}\sin\dfrac{2\pi}{\tau}\left(t - \dfrac{x}{c}\sqrt{\varepsilon\mu} + \beta\right), & \mathfrak{M}_z = \dfrac{a}{\sqrt{\mu}}\sin\dfrac{2\pi}{\tau}\left(t - \dfrac{x}{c}\sqrt{\varepsilon\mu} + \alpha\right). \end{cases}$$

Diese Lösung der Differentialgleichungen bedeutet, daß $\mathfrak{E}$ und $\mathfrak{M}$ sich in ebenen, zur x-Achse senkrechten Wellen nach der Richtung der x-Achse mittels transversaler Schwingungen fortpflanzen, auch übrigens immer aufeinander senkrecht stehen, da

$$55b)\quad \mathfrak{E}_x\mathfrak{M}_x + \mathfrak{E}_y\mathfrak{M}_y + \mathfrak{E}_z\mathfrak{M}_z = 0.$$

Das Quadrat der Fortpflanzungsgeschwindigkeit ist nach Gleichung 53) gegeben durch $c^2 : \varepsilon\mu$. Das ist die Lichtgeschwindigkeit bei $\varepsilon = \varepsilon_0$, $\mu = \mu_0$, also im Vakuum, nach 56b) S. 78. Der Brechungsexponent muß also, da in den meisten Stoffen die Werte von μ nur wenig abweichen, proportional mit $\sqrt{\varepsilon}$, mit der Quadratwurzel aus der Dielektrizitätskonstanten sein. Die Erfahrung bestätigte diese Voraussage bei vielen Stoffen und, wo die Übereinstimmung fehlte, erklärte sich die Abweichung aus der Dispersion, von der MAXWELLS Theorie keine Rechenschaft gibt.

9. Auch in dem allgemeinen Falle, daß das Medium kein vollkommener Isolator, sein Leitvermögen λ nicht 0 ist, hat sich jüngst eine überraschende experimentelle Bestätigung der MAXWELLschen Theorie ergeben. Man genügt den HERTZschen Gleichungen 38) und 48) durch den Ansatz

56)
$$\left\{\begin{aligned} &\mathfrak{E}_x = 0, \quad \mathfrak{E}_y = \frac{A}{\sqrt{\varepsilon}} e^{-kx + i(\nu t - nx)}, \quad \mathfrak{E}_z = 0, \\ &\mathfrak{M}_x = 0, \quad \mathfrak{M}_y = 0, \quad \mathfrak{M}_z = \frac{A}{\sqrt{\mu}} \frac{\omega}{\nu}(n - ik) e^{-kx + i(\nu t - nx)}, \end{aligned}\right.$$

wenn man $\omega = c : \sqrt{\varepsilon\mu}$ setzt und durch die Gleichungen

57)
$$k^2 - n^2 + \frac{\nu^2}{\omega^2} = 0, \qquad 2kn\frac{\omega^2}{\nu} = 4\pi\frac{\lambda}{\varepsilon}$$

die Größen k und n bestimmt. Dieser Ansatz stellt den Vorgang dar, daß sich eine ebene polarisierte Welle der x-Richtung entlang fortpflanzt; ihre Schwingungszahl ist $N = \nu : 2\pi$, die Schwingungsdauer $\tau = 2\pi : \nu$, die Wellenlänge $L = 2\pi : n$. Die elektrische Feldintensität ist der y-Achse, die magnetische der z-Achse parallel. Aus vorstehenden Gleichungen 57) bestimmen sich k und n zu

58)
$$\left.\begin{matrix} k^2 \\ n^2 \end{matrix}\right\} = \frac{1}{2}\frac{\nu^2}{\omega^2}\left\{\sqrt{1 + \frac{1}{\nu^2 T^2}} \mp 1\right\},$$

wobei die Relaxationszeit T eingeführt ist durch

59)
$$\frac{1}{T} = \frac{4\pi\lambda}{\varepsilon}.$$

Während nun bei verschwindendem λ, also für einen Isolator

60)
$$k = 0, \qquad n = \pm\frac{\nu}{\omega}$$

folgt, ergibt sich im entgegengesetzten Grenzfalle, also für sehr große Leitfähigkeit,

61) $$k^2 = n^2 = \tfrac{1}{2}\,\frac{\nu}{\omega^2 T} = \frac{2\pi\lambda\nu}{\varepsilon\,\omega^2}.$$

Die Leitfähigkeit muß so groß sein, daß das Produkt νT sehr groß ist gegen 1.

Nach diesen Vorbemerkungen behandeln wir den Fall, daß die yz-Ebene Grenzebene zweier Medien ist; auf der Seite der negativen x befindet sich ein vollkommener Isolator, in dem eine der yz-Ebene parallele Welle im Sinne der positiven x gegen die Grenzebene vorschreitet; auf der Seite der positiven x befinde sich ein sehr gut leitender, homogener Stoff, etwa ein Metall. Im Isolator sei ε_0 die Dielektrizitätskonstante, μ_0 die Permeabilität, ω_0 die Fortpflanzungsgeschwindigkeit, im Metall seien ε, μ und ω die entsprechenden Werte.

Auf die Grenzebene fällt nun jene Strahlung senkrecht ein und wird teils reflektiert, teils durchgelassen. Möge die Konstante A für die einfallende Strahlung zu 1 gewählt werden, für die reflektierte R, für die durchgelassene D sein. Dann ist, da n für die einfallende im Sinne der positiven x fortschreitende Welle positiv, für die zurückgeworfene Welle negativ zu wählen ist, der Ansatz zulässig

62) $$\left\{\begin{aligned} &\left.\begin{aligned} \mathfrak{E}_y &= \frac{1}{\sqrt{\varepsilon_0}}\,e^{i\left(\nu t - \frac{\nu}{\omega_0}x\right)} + \frac{R}{\sqrt{\varepsilon_0}}\,e^{i\left(\nu t + \frac{\nu}{\omega_0}x\right)} \\ \mathfrak{M}_z &= \frac{1}{\sqrt{\mu_0}}\,e^{i\left(\nu t - \frac{\nu}{\omega_0}x\right)} - \frac{R}{\sqrt{\mu_0}}\,e^{i\left(\nu t + \frac{\nu}{\omega_0}x\right)} \end{aligned}\right\} \quad \text{für} \quad x < 0 \\ &\left.\begin{aligned} \mathfrak{E}_y &= \frac{D}{\sqrt{\varepsilon}}\,e^{-kx + i(\nu t - kx)} \\ \mathfrak{M}_z &= \frac{D}{\sqrt{\mu}}\,\frac{\omega}{\nu}\,k(1-i)\,e^{-kx + i(\nu t - kx)} \end{aligned}\right\} \quad \text{für} \quad x > 0. \end{aligned}\right.$$

Für $x = 0$ aber müssen die beiderseitigen Werte stetig ineinander übergehen, wenn überhaupt die Maxwellsche Theorie zur Beschreibung des Vorgangs ausreichend ist, also müssen für R und D die Bedingungen erfüllt sein

63) $$\frac{1+R}{\sqrt{\varepsilon_0}} = \frac{D}{\sqrt{\varepsilon}}, \qquad \frac{1-R}{\sqrt{\mu_0}} = \frac{D}{\sqrt{\mu}}\,\frac{\omega}{\nu}\,k(1-i)$$

aus denen

64) $$\frac{1-R}{1+R} = \sqrt{\frac{\mu_0}{\mu}\,\frac{\varepsilon}{\varepsilon_0}}\,\frac{k\,\omega}{\nu}(1-i) = \sqrt{\frac{\mu_0}{\mu}\,\frac{2\pi\lambda}{\varepsilon_0\,\nu}}(1-i)$$

folgt. Man erkennt, daß R komplex, etwa

$$R = a + b i$$

gewählt werden muß, d. h. daß jede einfallende Strahlung zu zwei zurückgeworfenen, deren Schwingungen eine Phasendifferenz von $\frac{1}{2}\pi$ zeigen, Veranlassung gibt. Die Amplituden dieser zurückgeworfenen Wellen sind proportional a und $-b$, wenn man den reellen Teil des Produkts

$$(a + b i) e^{i\left(\nu t + \frac{\nu}{\omega_0} x\right)}$$

zu ihrer Darstellung verwendet; bei Verwendung des imaginären Teils sind sie proportional a und $+b$. Jedenfalls sind die entsprechenden Intensitäten proportional a^2 und b^2, die Gesamtintensität der reflektierten Strahlung steht also zu der der ankommenden im Verhältnis

$$\mathfrak{R} = a^2 + b^2.$$

Wir haben nun a und b unter Einführung der Abkürzung

65) $$w = \sqrt{\frac{\mu_0}{\mu} \frac{2 \pi \lambda}{\varepsilon_0 \nu}}$$

aus der Gleichung

$$1 - (a + b i) = w (1 - i)(1 + a + b i)$$

zu ermitteln, die bei Trennung des Reellen und Imaginären auf die Bestimmungsgleichungen

66) $$\begin{cases} a(w + 1) + b w = 1 - w \\ -a w + b(w + 1) = w \end{cases}$$

führt. Diese liefern durch Quadrieren und Addieren

67) $$\begin{cases} \mathfrak{R} = a^2 + b^2 = \dfrac{(1 - w)^2 + w^2}{(1 + w)^2 + w^2} = \dfrac{1 - 2 w + 2 w^2}{1 + 2 w + 2 w^2}, \\ 1 - \mathfrak{R} = \dfrac{4 w}{1 + 2 w + 2 w^2}. \end{cases}$$

Da nun unserer Voraussetzung gemäß λ eine sehr große Zahl ist, so ist auch w sehr groß, wenigstens bei kleinen Schwingungszahlen N, daher angenähert

67b) $$1 - \mathfrak{R} = \frac{2}{w} = 2 \sqrt{\frac{\mu}{\mu_0} \frac{\varepsilon_0 \nu}{2 \pi \lambda}} = 2 \sqrt{\frac{\mu}{\mu_0} \frac{\varepsilon_0}{\tau \lambda}}.$$

Bei nicht-ferromagnetischen Metallen ist μ nicht merklich von μ_0 verschieden, daher für diese

$$1 - \mathfrak{R} = 2\sqrt{\frac{\varepsilon_0}{\tau\lambda}} = 2\sqrt{\varepsilon_0 \cdot N \cdot W} \tag{67c}$$

gesetzt werden darf, wo $W = 1 : \lambda$ den spezifischen Widerstand des Metalls bezeichnet.

10. Versuche von HAGEN und RUBENS haben nun in der Tat im Jahre 1903 gezeigt, daß das Produkt $(1 - \mathfrak{R})\sqrt{\lambda}$ aus Transmissionskoeffizient und Quadratwurzel der Leitfähigkeit bei langwelliger Strahlung für alle Metalle nahezu denselhen Wert ergibt. Der Zahlwert des Produkts zeigt sogar eine auffällig gute Übereinstimmung der Theorie mit der Erfahrung. Sei das Leitvermögen λ eines Metalles $\varkappa$mal so groß als das des Quecksilbers λ_0, d. h. $\lambda = \varkappa\,\lambda_0$; möge ferner eine Strahlung von 12 Mikron oder $12 \cdot 10^{-4}$ cm Wellenlänge, also von der Schwingungszahl $N = 3 \cdot 10^{10} : 12 \cdot 10^{-4} = 25 \cdot 10^{12}$ aus dem Vakuum auf das Metall auffallen; auch soll das Reflexionsvermögen in Prozenten ausgedrückt, also $100\,\mathfrak{R} = \mathfrak{R}'$ eingeführt werden. Dann lautet obige Gleichung

$$(100 - \mathfrak{R}')\sqrt{\varkappa} = 200\sqrt{\frac{\varepsilon_0 N}{\lambda_0}} = 10^9 \cdot \sqrt{\frac{\varepsilon_0}{\lambda_0}}\,.$$

Mag man nun ε_0 und λ_0 in elektromagnetischem oder in elektrostatischem Maße nach S. 79 einsetzen, man findet jedenfalls

$$(100 - \mathfrak{R}')\sqrt{\varkappa} = 10{,}2\,,$$

während die Experimente im Durchschnitt 11 für dieses Produkt ergeben haben.

Obgleich diese Formel 67b) schon früher gelegentlich in den Entwickelungen der elektromagnetischen Lichttheorie angegeben worden war (vgl. DRUDE, Physik des Äthers, Stuttgart 1894, S. 574, Formel 66), hat sie doch erst so spät durch die Versuche von HAGEN und RUBENS Bestätigung gefunden, daß PLANCK sie nach ihrer experimentellen Feststellung neu aus der Theorie herleitete. Nicht allein die erheblichen experimentellen Schwierigkeiten sind schuld an dieser Verspätung. Man darf vielmehr nicht außer acht lassen, daß die MAXWELLsche Theorie ihrem Wesen nach keine Rechenschaft von der Spektralzerlegung der Strahlung an der Grenze zweier Medien, von den Verschiedenheiten in der Fortpflanzungsgeschwindigkeit spektral verschiedener Strahlungen geben kann. Nun gilt Formel 67b) nur für sehr langwellige Strahlen, sichtbares Licht würde sich ganz anders verhalten.

Um die Erscheinungen der Dispersion und Absorption theoretisch fassen zu können, muß man die Annahme aufgeben, daß das Volum jedes Körpers homogen mit Äther erfüllt sei oder mit andern Worten, daß allen Volumelementen eines und desselben Körpers dieselben Werte von ε und μ zukommen. Bezüglich der Dispersionstheorie sei auf Drude, Physik des Äthers 1894 und Lehrbuch der Optik 1900 verwiesen.

11. Die schönen Folgerungen der Maxwellschen Annahme lassen die Theorie der Ausbreitung des Lichtes als den besonderen Fall der Theorie des Elektromagnetismus erscheinen, der dann eintritt, wenn periodische Änderungen der elektrischen und magnetischen Kraft sich fortpflanzen. Es sind vorzüglich Maxwells Erfolge auf diesem Gebiete, die dazu führten, daß zunächst die von Anfang an nach Art Faradays denkenden englischen, dann mehr und mehr die andern Physiker sich von den Elastizitätstheorien des Lichtes wie von den elektromagnetischen Theorien Ampères, Neumanns und Webers abwendeten. Nicht mehr Bewegungen, schwingende Bewegungen des Äthers sind es, die wir als Licht empfinden, sondern elektrische und magnetische Erregungen, die im allgemeinen nicht mit Bewegungen verknüpft sind, pflanzen sich durch den Äther fort. Und nicht mehr eine momentane Wirkung in die Ferne, ein unmittelbares, den Zwischenraum überspringendes Hinübergreifen von einem Körper zum andern, findet statt, sondern durch den Äther hindurch, ihn von Volumelement zu Volumelement erregend, d. h. elektrisierend und magnetisierend, aber nicht bewegend, schreitet, freilich mit ungeheurer Geschwindigkeit, die Wirkung von Ort zu Ort. Daß tatsächlich Maxwells Gleichungen die Erscheinungen der Strahlung wie die des Elektromagnetismus umspannten, wurde endlich auch experimentell durch Heinrich Hertz festgestellt, so daß etwa mit dem Jahre 1890 der Sieg der Maxwellschen Gleichungen entschieden war.

Aber auch in theoretischer Hinsicht hat Hertz durch nicht minder bedeutungsvolle Untersuchungen dargetan, daß nur die Maxwellschen Gleichungen sich widerspruchsfrei auf nichtstationäre elektromagnetische Zustände anwenden lassen, während dies den älteren Theorien überhaupt nicht gelungen ist. Das soll hier nicht ausgeführt werden; eine systematische Darstellung der Hertzschen Arbeit gibt Cohn, das elektromagnetische Feld, 1900, die Originalarbeit von HERTZ erschien 1884 und steht im 1. Band der Gesammelten Werke: „Über die Beziehungen zwischen den MAXWELLschen elektrodynamischen Grundgleichungen und den Grundgleichungen der gegnerischen Elektrodynamik“.

12. Daß aber die MAXWELLschen Gleichungen bei stationären Zuständen völlig im Einklang mit den älteren Theorien stehen, läßt sich nach HERTZ in folgender Weise ausführen.

In einem elektrostatischen, d. h. rein elektrischen, von magnetischen Kräften freien Felde ist $\mathfrak{M} = 0$, daher nach 48) überall $\mathfrak{E}$ konstant, wo $\lambda = 0$, d. h. in den Nichtleitern, während in den Leitern der Vektor $\mathfrak{E}$ von irgend einem gegebenen Anfangswerte $\mathfrak{E}_0$ nach der Gleichung

68) $$\mathfrak{E} - \mathfrak{E}^* = \mathfrak{E}_0 e^{-4\pi\frac{\lambda}{\varepsilon}\cdot t}$$

abklingt, bis er von Null oder doch von der an der betreffenden Stelle durch äußere, z. B. galvanische Ursachen aufgezwungenen Intensität $\mathfrak{E}^*$ nicht mehr unterschieden werden kann. Bei hinreichend großem λ erfolgt dieses Abklingen sehr schnell.

In den Nichtleitern ist ferner nach 38)

69) $$\frac{\partial \mathfrak{E}_z}{\partial y} = \frac{\partial \mathfrak{E}_y}{\partial z}, \quad \frac{\partial \mathfrak{E}_x}{\partial z} = \frac{\partial \mathfrak{E}_z}{\partial x}, \quad \frac{\partial \mathfrak{E}_y}{\partial x} = \frac{\partial \mathfrak{E}_x}{\partial y},$$

d. h. es besteht dort eine elektrische Potentialfunktion φ, so daß nach jeder Richtung l (z. B. x oder y, z)

70) $$\mathfrak{E}_l = -\frac{\partial \varphi}{\partial l}.$$

Wird nun unter Einführung neuer Zahlen e_k

71) $$\left\{\begin{aligned} -\left(\frac{\partial^2 \varphi}{\partial x^2} + \frac{\partial^2 \varphi}{\partial y^2} + \frac{\partial^2 \varphi}{\partial z^2}\right) &= -\Delta \varphi \\ &= \frac{\partial \mathfrak{E}_x}{\partial x} + \frac{\partial \mathfrak{E}_y}{\partial y} + \frac{\partial \mathfrak{E}_z}{\partial z} = 4\pi \frac{e_k}{\varepsilon} \end{aligned}\right.$$

gesetzt, so ist

72) $$\varphi = \int\limits_k \frac{e_k \cdot Dk}{\varepsilon \cdot r},$$

wo r den Abstand des Punktes, für den φ berechnet werden soll, von dem Punkt, für den e_k gilt, bedeutet, Dk das Volumelement.

Es ergeben sich die elektrostatischen Kräfte, wenn noch die Energie des Feldes $V = \frac{1}{2}\sum \varphi e$ nach Gleichung 22) in Betracht gezogen wird.

Ganz entsprechendes gilt für das rein magnetische Feld, in dem überall $\mathfrak{E} = 0$ ist.

Im stationären elektromagnetischen Felde sind weder $\mathfrak{E}$ noch $\mathfrak{M}$ gleich Null, aber sie ändern sich nicht mit der Zeit. Daher besitzt auch jetzt nach 38) $\mathfrak{E}$ ein Potential φ und nach 48) bzw. 47) ist

73) $$\begin{cases} 4\pi i_x = c\left(\frac{\partial \mathfrak{M}_z}{\partial y} - \frac{\partial \mathfrak{M}_y}{\partial z}\right), \quad 4\pi i_y = c\left(\frac{\partial \mathfrak{M}_x}{\partial z} - \frac{\partial \mathfrak{M}_z}{\partial x}\right), \\ 4\pi i_z = c\left(\frac{\partial \mathfrak{M}_y}{\partial x} - \frac{\partial \mathfrak{M}_x}{\partial y}\right), \end{cases}$$

also auch

73b) $$\frac{\partial i_x}{\partial x} + \frac{\partial i_y}{\partial y} + \frac{\partial i_z}{\partial z} = 0.$$

Diesem System genügt man mittels eines von MAXWELL als Vektorpotential bezeichneten Vektors $\mathfrak{A}$, dessen Komponenten wir schon in 96) S. 94 kennen lernten. Wir setzen

74) $$\mathfrak{A}_x = \frac{\mu}{c}\int_k \frac{i_x}{r}\cdot Dk, \quad \mathfrak{A}_y = \frac{\mu}{c}\int_k \frac{i_y}{r}\cdot Dk, \quad \mathfrak{A}_z = \frac{\mu}{c}\int_k \frac{i_z}{r}\cdot Dk$$

und genügen nun den Gleichungen 73) durch den Ansatz

75) $$\begin{cases} \mu \mathfrak{M}_x = \frac{\partial \mathfrak{A}_z}{\partial y} - \frac{\partial \mathfrak{A}_y}{\partial z}, \quad \mu \mathfrak{M}_y = \frac{\partial \mathfrak{A}_x}{\partial z} - \frac{\partial \mathfrak{A}_z}{\partial x}, \\ \mu \mathfrak{M}_z = \frac{\partial \mathfrak{A}_y}{\partial x} - \frac{\partial \mathfrak{A}_x}{\partial y}, \end{cases}$$

weil nach 74) wegen 73b) die Bedingung

76) $$\frac{\partial \mathfrak{A}_x}{\partial x} + \frac{\partial \mathfrak{A}_y}{\partial y} + \frac{\partial \mathfrak{A}_z}{\partial z} = 0$$

erfüllt ist.

Auch im nicht-stationären elektromagnetischen Felde genügen übrigens noch die Lösungen 75 den Gleichungen 38) und 48), wenn in letzteren die mit ε behafteten Glieder vernachlässigt werden dürfen. Nur hat dann $\mathfrak{E}$ keine Potentialfunktion mehr, sondern es ist

77) $$\begin{cases} \mathfrak{E}_x = -\frac{\partial \varphi}{\partial x} - \frac{1}{c}\frac{\partial \mathfrak{A}_x}{\partial t}, \quad \mathfrak{E}_y = -\frac{\partial \varphi}{\partial y} - \frac{1}{c}\frac{\partial \mathfrak{A}_y}{\partial t}, \\ \mathfrak{E}_z = -\frac{\partial \varphi}{\partial z} - \frac{1}{c}\frac{\partial \mathfrak{A}_z}{\partial t}, \end{cases}$$

wobei φ die nach 72) zu bestimmende Potentialfunktion darstellt.

Wie selbst bei Berücksichtigung der Dielektrizitätskonstanten ε in den Gleichungen 48) doch die Ansätze 75) und 77) den MAXWELLschen Gleichungen genügen und dann nur die Funktionen i in den Formeln 74) nicht mit den Strömungskomponenten identisch, wohl aber von ihnen abhängig sind, — soll hier nicht ausgeführt werden; es ist nach HERTZ' Entwickelungen bei COHN a. a. O. zu finden.

Für die magnetische Energie findet man infolge der Stetigkeit von $\mathfrak{M}$ und $\mathfrak{A}$ mit Hilfe des Vektorpotentials folgende Umformungen

78)
$$\begin{aligned} V &= \frac{1}{2}\cdot\frac{1}{4\pi}\int \mu\,\mathfrak{M}^2\cdot Dk = \frac{1}{2}\cdot\frac{1}{4\pi}\int\Big\{\mathfrak{M}_x\left(\frac{\partial\mathfrak{A}_z}{\partial y}-\frac{\partial\mathfrak{A}_y}{\partial z}\right) \\ &\qquad + \mathfrak{M}_y\left(\frac{\partial\mathfrak{A}_x}{\partial z}-\frac{\partial\mathfrak{A}_z}{\partial x}\right) + \mathfrak{M}_z\left(\frac{\partial\mathfrak{A}_y}{\partial x}-\frac{\partial\mathfrak{A}_x}{\partial y}\right)\Big\}\,Dk \\ &= \frac{1}{2}\cdot\frac{1}{4\pi}\int\Big\{\mathfrak{A}_x\left(\frac{\partial\mathfrak{M}_z}{\partial y}-\frac{\partial\mathfrak{M}_y}{\partial z}\right) + \mathfrak{A}_y\left(\frac{\partial\mathfrak{M}_x}{\partial z}-\frac{\partial\mathfrak{M}_z}{\partial x}\right) \\ &\qquad + \mathfrak{A}_z\left(\frac{\partial\mathfrak{M}_y}{\partial x}-\frac{\partial\mathfrak{M}_x}{\partial y}\right)\Big\}\,Dk \\ &= \frac{1}{2c}\int(\mathfrak{A}_x i_x + \mathfrak{A}_y i_y + \mathfrak{A}_z i_z)\,Dk. \end{aligned}$$

Führt man den Wert von $\mathfrak{A}$ aus 74) ein, so kommt

79)
$$V = \frac{1}{2}\,\frac{\mu}{c^2}\int_1\int_2 \frac{i_1\,i_2\cos(i_1\,i_2)}{r}\cdot Dk_1\cdot Dk_2,$$

wo die Integrationen über alle Volumelementenpaare Dk_1 und Dk_2 zu erstrecken sind. Es ergibt sich also der NEUMANNsche Ausdruck für das Potential elektrischer Ströme, wie er unter 98) S. 95 und, soweit es sich um lineare Ströme handelt, bereits unter 62) S. 45 aufgestellt wurde.

13. Im Anschluß an die MAXWELL-HERTZschen Gleichungen ist noch eines von POYNTING herrührenden Satzes zu gedenken, der in folgender Weise aus ihnen abgeleitet werden kann. Multipliziert man die Gleichungen 38) mit $\mathfrak{M}_x$, $\mathfrak{M}_y$, $\mathfrak{M}_z$, die Gleichungen 48) mit $\mathfrak{E}_x$, $\mathfrak{E}_y$, $\mathfrak{E}_z$, so ergibt die Addition und Integration über ein beliebiges Raumgebiet k, in dem $\mathfrak{E}^* = 0$ ist,

80)
$$\begin{aligned} \frac{\partial}{\partial t}\Big\{\frac{1}{2}\int_k \varepsilon\,\mathfrak{E}^2\cdot Dk + \frac{1}{2}\int_k \mu\,\mathfrak{M}^2\cdot Dk\Big\} &= -\,4\pi\int_k \lambda\,\mathfrak{E}^2\cdot Dk \\ + c\int_k\Big\{\frac{\partial}{\partial x}(\mathfrak{M}_y\mathfrak{E}_z - \mathfrak{M}_z\mathfrak{E}_y) &+ \frac{\partial}{\partial y}(\mathfrak{M}_z\mathfrak{E}_x - \mathfrak{M}_x\mathfrak{E}_z) \\ &+ \frac{\partial}{\partial z}(\mathfrak{M}_x\mathfrak{E}_y - \mathfrak{M}_y\mathfrak{E}_x)\Big\}\cdot Dk. \end{aligned}$$

Das zweite der rechts stehenden Integrale läßt sich durch partielle Integrationen, die aus der Potentialtheorie bekannt sind, in ein Oberflächenintegral verwandeln, wenn der Vektor von der Größe

81) $$\mathfrak{P} = \frac{c}{4\pi} \cdot \mathfrak{E} \cdot \mathfrak{M} \cdot \sin(\mathfrak{E}\,\mathfrak{M})$$

eingeführt wird, der senkrecht zur Ebene $(\mathfrak{E}\,\mathfrak{M})$ stehen soll und zwar so, daß die Vektoren $\mathfrak{E}\,\mathfrak{M}\,\mathfrak{P}$ ein englisches Koordinatensystem bilden. Bezeichnet man noch die gesamte elektromagnetische Energie mit W, so wird unter Anwendung der Formeln für die Richtung einer Geraden, die normal zu zwei gegebenen gerichtet ist,

82) $$\frac{\partial W}{\partial t} + \int\limits_k \lambda \mathfrak{E}^2 \cdot D k = \int\limits_\omega \mathfrak{P}_n \cdot D\omega,$$

wo nun das rechts stehende Integral über die Oberfläche ω des Raumes k zu erstrecken ist. Das ist der POYNTINGsche Satz.

Für den unendlichen Raum, für den wegen der Eigenschaften von $\mathfrak{E}$ und $\mathfrak{M}$ das Oberflächenintegral verschwindet, sagt er aus, daß alle Änderung der elektromagnetischen Energie in der Zeiteinheit den Betrag

83) $$\frac{\partial W}{\partial t} = -\int\limits_\infty \lambda \mathfrak{E}^2 \cdot Dk = -\int\limits_\infty (i_x \mathfrak{E}_x + i_y \mathfrak{E}_y + i_z \mathfrak{E}_z)\, Dk = -\int\limits_\infty \frac{i^2}{\lambda} \cdot Dk$$

aufweisen muß, wie mit 92) S. 93 zu vergleichen ist. Nur in Raumgebieten, in denen $\mathfrak{E}^*$ nicht verschwindet, treten, wie leicht nachzurechnen, noch Glieder $+ (i_x \mathfrak{E}_x^* + i_y \mathfrak{E}_y^* + i_z \mathfrak{E}_z^*)\, Dk$ auf.

Auch folgt aus 83) mittels 77) noch

84) $$\frac{\partial W}{\partial t} = \frac{1}{c} \int\limits_\infty \left(i_x \frac{\partial \mathfrak{A}_x}{\partial t} + i_y \frac{\partial \mathfrak{A}_y}{\partial t} + i_z \frac{\partial \mathfrak{A}_z}{\partial t} \right) \cdot Dk.$$

Es findet hiernach in allen Leitern, nämlich in allen Volumelementen, in denen λ nicht Null ist, eine Energieentwickelung im Betrage $i^2 \cdot Dk : \lambda$ pro Zeiteinheit statt, die erfahrungsmäßig in Form von Wärme erfolgt. Sie ist stets positiv, weil sie die stets negative aus dem elektromagnetischen Felde an den Leiter abgegebene Energie 83) auszugleichen hat. Nur an den Stellen, wo aus thermisch-chemischen Quellen stammende, dem System aufgezwungene elektromotorische Kräfte $\mathfrak{E}^*$ wirken, ist auch Wärmeabgabe möglich.

Wenn nirgends ein Strom vorhanden ist, ändert sich auch die elektromagnetische Energie nicht, es liegt dann ein statischer Zustand vor.

In jedes begrenzte Gebiet des Raumes strömt die elektromagnetische Energie durch die Oberfläche dieses Gebietes, wie es der Vektor $\mathfrak{P}$ angibt, der daher elektromagnetische Strahlung heißt. Durch das Flächenelement $D\omega$ tritt in der Zeit 1 die Energie $\mathfrak{P}_n \cdot D\omega$. Während des stationären Zustandes $W =$ Const. ist für jeden Nichtleiter $\int \mathfrak{P}_n \cdot D\omega = 0$, d. h. es strömt durch die Nichtleiter die elektromagnetische Energie einfach hindurch.

Auch ergibt sich aus dem POYNTINGschen Satze die eindeutige Bestimmtheit des elektromagnetischen Feldes. Sind nämlich in einem geschlossenen Gebiete die elektromotorischen Eigenkräfte $\mathfrak{E}^*$ überall Null und sind an der Oberfläche des Gebietes überall $\mathfrak{E}$ oder $\mathfrak{M}$ gleich Null, so ist für dieses Gebiet nach 82)

$$85)\qquad \frac{\partial}{\partial t}\int\left(\frac{1}{8\pi}\,\varepsilon\,\mathfrak{E}^2 + \frac{1}{8\pi}\,\mu\,\mathfrak{M}^2\right)\cdot Dk + \int \lambda\,\mathfrak{E}^2 \cdot Dk = 0.$$

Ist daher anfangs zur Zeit $t = 0$, im ganzen Gebiete $\mathfrak{E} = \mathfrak{M} = 0$, so ist dies, da ε, μ und λ positive Konstanten sind, immer der Fall.

Nun mögen für dieses Gebiet die elektromotorischen Eigenkräfte sowie die Vektoren $\mathfrak{E}$ und $\mathfrak{M}$ zur Zeit $t = 0$ gegebene Werte besitzen und an der Oberfläche sei letzteres für jede Zeit der Fall. Dann sind im Innern des Gebietes für jede Zeit $\mathfrak{E}$ und $\mathfrak{M}$ eindeutig bestimmt. Denn gäbe es zwei Lösungen für sie, so würde deren Differenz nach dem Vorangehenden sich als Null erweisen.

In POYNTINGS Vorstellungsart von der Energiestrahlung, nach der die Energie wie eine Flüssigkeit den Raum durchströmt, findet eine Idee ihre letzte Gestaltung, die wohl so alt ist, als die Naturforschung überhaupt. Sich die Kraftübertragung wie das Strömen eines Fluidums, wie ein Strahlen zu denken, ist eine dem Menschen tief eingeprägte Idee, die in Sprache und Gebärde, in religiösen Vorstellungen und Gebräuchen, in dichterischen Wendungen sich als tief eingewurzelt bekundet. Daß sie auch dem wissenschaftlichen Nachdenken nicht fern bleiben konnte, ist unter solchen Umständen selbstverständlich. Als NEWTON die unvermittelte Wirkung in die Ferne ersann, HUYGHENS die Übertragung durch Wellen, also durch Bewegungen kleinster Teile einführte, blieb doch der alte Gedanke im Hintergrunde des naturwissenschaftlichen Denkens. EULER sprach dem magnetischen Fluidum strömende Bewegungen von einem Pole zum andern hin zu, und so gehören wohl auch die Kraftlinien und -röhren FARADAYS diesem Ideenkreise an, der von den neueren Theorien einer Wanderung der Energie erfolgreich aufgenommen wurde. Zu diesen Theorien gehört als die wertvollste POYNTINGS Theorie von der elektromagnetischen Strahlung.

Sechster Teil.

Bilder des elektrotonischen Zustandes.

Erster Abschnitt.

Die mathematischen Analogien.

Thomson, Helmholtz.

1. Seit FARADAY an der Ausgestaltung seiner Ideen arbeitete, seit MAXWELL und andere bemüht waren, sie zu analytischem Ausdrucke zu bringen, so lange hat es nicht an Versuchen gefehlt, das Neue den angewöhnten Anschauungen unterzuordnen und dadurch verständlicher, leichter beherrschbar zu machen. Was FARADAYS Auffassung der elektromagnetischen Vorgänge von der AMPÈRES und NEUMANNS unterscheidet, ist die Vorstellung ihres stetigen Zusammenhanges, ihres stetigen Bedingtseins durch den Raum hindurch; daher konnten allein aus Hydrodynamik und Elastizitätslehre Analogien für sie herangezogen werden, denn die sonst noch für kontinuierliche Übertragungen sich darbietenden physikalischen Analogien der Wärmeleitung und der Strahlung waren selbst nur durch hydraulische und elastische Bilder zugänglich.

WILHELM THOMSON, der jetzige Lord KELVIN, der große englische Physiker, dessen Leben fast die ganze Zeit der wissenschaftlichen Entwickelung der Elektrodynamik umspannt, hat bereits in früher Zeit 1846[1] eine kurze Bemerkung niedergeschrieben, die gewiß schon den Niederschlag gar manchen theoretischen Versuches dieses Forschers darstellt und zugleich den Rahmen abgibt, in dem sich seitdem die Versuche vieler Theoretiker bewegt haben. Er stellt es als eine Konsequenz der FARADAYschen Ideen dar, daß jedem elektrischen ein elastisches Problem entsprechen müsse, und gibt drei partikuläre Integrale der Differentialgleichungen des

---

[1] Erschienen 1847. Vgl. Math. and phys. papers I, 76: On a mechanical representation of electric, magnetic and galvanic forces.

elastischen Körpers an, die sich der Ausbreitung elektrischer, magnetischer und galvanischer Beeinflussung des Dielektrikums zuordnen lassen.

Befindet sich in dem mit einem elastischen Mittel, dem Äther, erfüllten Raume eine elektrische Ladung im Anfangspunkte der Koordinaten, so sind die von ihr im Punkte xyz ausgeübten Komponenten der elektrostatischen Kraft proportional

$$1)\qquad u = \frac{\partial}{\partial x}\left(\frac{1}{r}\right),\quad v = \frac{\partial}{\partial y}\left(\frac{1}{r}\right),\quad w = \frac{\partial}{\partial z}\left(\frac{1}{r}\right),$$

wobei

$$r^2 = x^2 + y^2 + z^2.$$

Diese lassen sich aber auch als Verschiebungskomponenten uvw des Punktes xyz jenes Mittels ansehen, denn sie befriedigen die Differentialgleichungen des Gleichgewichts eines elastisch-festen, unzusammendrückbaren Stoffes:

$$2)\qquad \Delta u = 0,\quad \Delta v = 0,\quad \Delta w = 0,\quad \frac{\partial u}{\partial x} + \frac{\partial v}{\partial y} + \frac{\partial w}{\partial z} = 0.$$

Ebenso stellen

$$3)\qquad u = \frac{ny - mz}{r^3},\quad v = \frac{lz - nx}{r^3},\quad w = \frac{mx - ly}{r^3}$$

Lösungen dieser Differentialgleichungen dar. Die durch diese Verschiebungen aber an der Stelle xyz erzeugten Rotationskomponenten des Volumelementes

$$4)\qquad \xi = \tfrac{1}{2}\left(\frac{\partial w}{\partial y} - \frac{\partial v}{\partial z}\right),\quad \eta = \tfrac{1}{2}\left(\frac{\partial u}{\partial z} - \frac{\partial w}{\partial x}\right),\quad \zeta = \tfrac{1}{2}\left(\frac{\partial v}{\partial x} - \frac{\partial u}{\partial y}\right)$$

sind proportional mit den Ableitungen der Funktion

$$5)\qquad \frac{lx + my + nz}{r^3}$$

nach x, y, z, also proportional mit den Komponenten der magnetischen Kraft, die eine im Koordinatenanfang befindliche magnetische Molekel, deren Moment die Komponenten l, m, n besitzt, im Punkte x, y, z erzeugt. Das magnetische Potential dieser Molekel ist ja $(lx + my + nz) : r^3$.

Drittens bemerkt Thomson, daß die Ausdrücke

$$6)\qquad \begin{cases} u = \frac{1}{2}\frac{\partial p}{\partial x} - \frac{l}{r},\quad v = \frac{1}{2}\frac{\partial p}{\partial y} - \frac{m}{r},\quad w = \frac{1}{2}\frac{\partial p}{\partial z} - \frac{n}{r}, \\ p = \frac{lx + my + nz}{r} \end{cases}$$

jene Differentialgleichungen befriedigen, und die aus diesen $u v w$ gebildeten Rotationskomponenten

$$7)\qquad 2\xi = \frac{ny - mz}{r^3}, \quad 2\eta = \frac{lz - nx}{r^3}, \quad 2\zeta = \frac{mx - ly}{r^3}$$

den Komponenten der Kraft proportional sind, die ein Stromelement von der Richtung $l m n$, das sich im Koordinatenanfangspunkte befindet, auf einen Magnetpol an der Stelle $x y z$ ausübt. Wiederum stellen also die Wirbelkomponenten des im elastischen Gleichgewicht befindlichen Stoffes zugleich die Komponenten der elektromagnetischen Kraft dar.

2. Ein Jahrzehnt später hat dann Helmholtz[1] in seiner berühmten Arbeit „über die Integrale der hydrodynamischen Gleichungen, welche den Wirbelbewegungen entsprechen", den Thomsonschen Bemerkungen ein bedeutsames Gegenstück zugesellt, indem er darauf hinweist, daß nicht nur — wie schon lange bekannt war — eine strömende Flüssigkeitsbewegung mit Geschwindigkeitspotential existiert, bei der die Geschwindigkeit der Kraft gleich ist, die ein magnetisches Teilchen ausübt, sondern daß auch bei einer Wirbelbewegung die Geschwindigkeit der Kraft gleicht, die ein in der Wirbelachse liegender Strom ausüben würde. Auch erkannte Helmholtz den mathematischen Grund der merkwürdigen Analogie, der darin liegt, daß es sich im hydrodynamischen wie im elektromagnetischen Vergleichsfalle um Lösungen der Differentialgleichung $\Delta\varphi = 0$ handelt, das eine Mal, bei Strömungsbewegung und magnetischer Wirkung, um Lösung in einem einfach zusammenhängenden Gebiete, so daß φ eindeutig wird, — das andere Mal, bei Wirbelbewegung und elektromagnetischer Wirkung, um Lösung für einen mehrfach zusammenhängenden Raum, wobei φ mehrdeutig ausfällt.

3. Man könnte wohl alle Bilder der Erfahrungsergebnisse, die sich der kinematischen Beziehungen zwischen Geschwindigkeiten, Rotationen, Dehnungen, Verschiebungen und dergl. bedienen, kinematische Bilder nennen im Gegensatz zu den dynamischen Bildern, welche mit den Beziehungen zwischen Kraft, Druck, Spannung und dergl. arbeiten. So gibt es neben der rein geometrisch gewordenen Beschreibung der Strahlungsvorgänge durch den Begriff des Strahls oder den der Wellenflächen eine wohlausgebildete kinematische Beschreibung derselben durch Schwingungen und Wellen-

[1] J. f. reine u. angew. Math. 1858; Wiss. Abh. I, 101.

fortpflanzung, aber auch mehrere dynamische Abbildungsmethoden, nämlich die FRESNELsche und die NEUMANNsche Ätherhypothese.

In diesem Sinne wird man die von THOMSON und HELMHOLTZ herrührenden elastischen bzw. hydraulischen Analogien des elektrotonischen Zustandes als kinematische Bilder zu bezeichnen haben.

Das wichtigste dynamische Bild des elektrotonischen Zustandes schließt sich an THOMSONS Elastizitätsanalogie an. Es beruht auf dem von FARADAY herrührenden Gedanken, daß die Intensitätsröhren, die Kraftfäden, sowohl die elektrischen, wie die magnetischen, das Bestreben besitzen, sich zu verkürzen und dabei sich aufzublähen, also die benachbarten Fäden zur Seite zu drängen. Indem sie sich verkürzen, bewirken sie nach dieser Vorstellungsweise, daß sich ungleichnamige Elektrizitäten und Magnetismen anziehen; indem sie sich aufblähen, also benachbarte Intensitätslinien sich voneinander zu entfernen suchen, stoßen sich gleichnamige Pole ab. Denn sind nur zwei gleichnamige Pole vorhanden, so ziehen sich die von ihnen ausgehenden ins Unendliche laufenden Kraftlinien auf weiten Strecken nebeneinander hin.

Solche Bilder, sowohl die kinematischen, wie die dynamischen, sind zunächst Hilfsmittel der Beschreibung, sie dienen dazu, uns die Konstruktion der Vorgänge, die sie wiedergeben wollen, zu erleichtern, — ganz in dem Sinne, wie man etwa eine Geschwindigkeit oder eine Kraft oder ein Drehmoment durch eine Strecke darzustellen pflegt, um nicht Beziehungen, die wir für Strecken längst durchgedacht haben, die uns für Strecken geläufig geworden sind, bei jeder Anwendung auf Geschwindigkeiten, Kräfte oder Momente neu durchdenken zu müssen, nachdem wir uns einmal davon überzeugt haben, daß auch für diese Begriffe jene Beziehungen gelten.

Die FARADAYsche dynamische Idee von Zug- und Druckfortpflanzungen längs der Kraftlinien hat sich freilich in MAXWELLS Händen von weit größerer Tragweite erwiesen. MAXWELL hat nämlich, was hier nicht wiedergegeben werden soll, gezeigt, daß seine Angabe der Feldenergie (Gleichung 50) S. 121) identisch ist mit der Angabe, daß überall in Richtung der Intensitätslinien ein Zug stattfindet, dessen Betrag sich für eine zu den Intensitätslinien normal stehende Fläche zu

$$8)\qquad \frac{1}{8\pi}\,\varepsilon\,\mathfrak{E}^2 \quad \text{bzw.} \quad \frac{1}{8\pi}\,\mu\,\mathfrak{M}^2$$

ergibt, während ein ebenso großer Druck senkrecht zu den Intensitätslinien, normal auf jede ihnen parallele Fläche, wirkt. Eine ganze Reihe von Spannungserscheinungen in elektrisierten bzw. magnetisierten Substanzen hat sich späteren Versuchen zufolge dieser Theorie unterworfen gezeigt.

So hat denn diese FARADAY-MAXWELLsche dynamische Theorie des elektrotonischen Zustandes eine höhere Bedeutung als die einer bloßen Konstruktionsregel, sie liefert ein Bild, das, ähnlich wie die oben bezeichneten Theorien der Strahlung, zu einer einheitlicheren Auffassung verschiedenartiger elektromagnetischer Vorgänge beigetragen hat.[1]

Zweiter Abschnitt.

Maxwells Konstruktionen des Feldes.

1. Die Versuche, die Ausbreitung der elektromagnetischen Erscheinungen als eine Folge hydraulischer oder elastischer Vorgänge aufzufassen, haben — trotzdem sich die Größten um sie bemühten — bisher zu keinem, etwa dem Erfolge der optischen Theorien entsprechenden, einigermaßen abschließenden und anerkannten Erfolge geführt. Besonders MAXWELL hat vielfache, in den verschiedenen Perioden seines Wirkens verschieden geartete Ansätze gemacht, das Spiel der Kräfte im elektromagnetischen Felde zu verfolgen und zu umfassenden Regeln und Gesetzen zu gelangen, die auch in der Tat der Anschauung vielfach sehr wirksam zu Hilfe kommen. Aber ein befriedigendes mechanisches System, aus dem sich die elektromagnetischen Erscheinungen anschaulich konstruieren ließen, hat er doch nicht zustande gebracht, und HERTZ konnte mit Recht über das Ergebnis der MAXWELLschen Bemühungen sagen: „Die MAXWELLsche Theorie ist das System der MAXWELLschen Gleichungen.“ Die algebraische Formulierung des FARADAYschen Ideenkreises war MAXWELL gelungen — nichts mehr.

2. In einer 1855/56 veröffentlichten Arbeit „über FARADAYS Kraftlinien“[1] denkt sich MAXWELL die Kraftlinien als Strömungs-

[1] Einigen Überblick über die bisher versuchten elektromagnetischen Theorien bieten GUSTAV WIEDEMANN, Die Lehre von der Elektrizität. 2. Aufl., Bd. 4. Braunschweig 1898. WINKELMANN, Handbuch der Physik. Bd. 3, II. Breslau 1895.

[2] OSTWALDS Klassiker Nr. 69, herausgegeben von BOLTZMANN, mit ausführlichen kritischen Anmerkungen.

linien einer fingierten unwägbaren, unzusammendrückbaren Flüssigkeit, die an gewissen Stellen, den Quellpunkten, entsteht, an anderen, Sinkstellen, vernichtet wird, eine Idee, die auch RIEMANN verfolgte. Der Flüssigkeitsbewegung setzt sich überall ein der Geschwindigkeit proportionaler Widerstand entgegen. Heißen $u\,v\,w$ die Geschwindigkeitskomponenten im Punkte $x\,y\,z$, p der dort herrschende Druck, m die Masse der Volumeinheit, so lautet die erste der Differentialgleichungen für die Bewegung einer Flüssigkeit

$$9)\qquad m\,u' = -\,k\,u - \frac{\partial p}{\partial x},$$

wenn mit k ein die Größe jenes Widerstandes messender Koeffizient bezeichnet wird. Da die Flüssigkeit unwägbar ist, ist $m = 0$ zu setzen, also

$$10)\qquad k\,u = -\,\frac{\partial p}{\partial x}.$$

Die Unzusammendrückbarkeit ferner fordert, daß

$$11)\qquad k\left(\frac{\partial u}{\partial x} + \frac{\partial v}{\partial y} + \frac{\partial w}{\partial z}\right) = -\,\Delta p = 0.$$

In einer unendlichen Flüssigkeitsmasse, in der sich ein einziger Quellpunkt befindet, der nach allen Richtungen gleichmäßig Flüssigkeit liefert, so daß durch die ihn umgebende Kugelfläche vom Radius 1 die Menge S in der Zeit 1 hindurchtritt, also durch die Kugel vom Radius r die Menge $S : 4\,\pi\,r^2$, wird der Druck

$$12)\qquad p = \frac{k\,S}{4\,\pi\,r},$$

wenn noch angenommen wird, daß er im Unendlichen verschwindet.

Sehr anschaulich ergeben sich aus der Idee, daß längs der Feldintensitätslinien Flüssigkeit strömt, die scheinbaren Ladungen an den Stellen plötzlicher Änderung des Widerstandskoeffizienten.

Nennt man nämlich z die Richtung der Normale in einem Punkte 0 der Trennungsfläche zweier Mittel, während x und y zwei zueinander senkrechte Tangenten in diesem Punkte darstellen, so muß wegen der Stetigkeit des Druckes

$$13\text{a})\qquad \frac{\partial p}{\partial x} = \frac{\partial p'}{\partial x}, \qquad \frac{\partial p}{\partial y} = \frac{\partial p'}{\partial y}$$

sein, wenn die Funktion p den Druck auf der einen Seite der Trennungsfläche in dem Medium mit dem Widerstandskoeffizienten k

darstellt, während sich p' und k' auf die andere Seite der Trennungsfläche beziehen. Heißen nun $u\,v\,w$ die Geschwindigkeitskomponenten auf der ersteren, $u'\,v'\,w'$ die auf der andern Seite, so folgt aus 10)

14a) $$k\,u = k'\,u', \quad k\,v = k'\,v'.$$

Damit ferner durch das Flächenelement der Trennungsfläche bei 0 von der einen Seite ebensoviel zuströmt, als nach der andern abströmt, muß weiter

14b) $$w = w',$$

demgemäß

13b) $$\frac{1}{k}\frac{\partial p}{\partial z} = \frac{1}{k'}\frac{\partial p'}{\partial z}$$

sein. Daraus ergibt sich sogleich, daß die Tangenten der Winkel, die $u\,v\,w$ bzw. $u'\,v'\,w'$ mit der z-Achse einschließen, also die Tangenten des Eintritts- und Austrittswinkels der Strömungslinien, sich verhalten wie $k':k$.

Da ferner $p = p'$ ist, so folgt aus 12), daß $k\,S = k'\,S'$, d. h. beiderseits der Trennungsfläche befinden sich eine Senke und eine Quelle, deren Ergiebigkeiten S und S' sich wie $k':k$ verhalten. Ist ein Stück q der Trennungsfläche so bemessen, daß es von der Flüssigkeitsmenge 1 in der Zeit 1 passiert wird, also $q = \frac{1}{w} = \frac{1}{w'}$, so entfällt auf dasselbe eine Quelle von der Ergiebigkeit $k - k'$.

Man hat also den Querschnitt der Röhre umgekehrt proportional mit w, mit der strömenden Menge, nicht umgekehrt proportional mit der Kraft $\frac{\partial p}{\partial z}$ zu bemessen, um zu bewirken, daß auf der einen Seite der Trennungsfläche so viel Röhren enden, als auf der andern beginnen: man muß Induktionsröhren, nicht Kraftröhren (vgl. S. 106) konstruieren, um an Flächen, an denen k sich ändert, das Strömungsbild aufrecht zu erhalten.

3. Später, in einer 1861/62 veröffentlichten Abhandlung „über physikalische Kraftlinien“[1] hat Maxwell die Idee eines Mediums durchgearbeitet, das nicht durch Strömung, sondern durch seinen Spannungszustand den elektrotonischen Zustand Faradays versinnlicht. Die Richtung des kleinsten Druckes fällt in die Richtung der magnetischen Kraftlinien, und der Unterschied zwischen dem

[1] Ostwalds Klassiker Nr. 102, herausgegeben von Boltzmann, auf dessen ausführlichen Kommentar hinzuweisen ist.

größten und kleinsten Drucke ist der Feldintensität proportional. Daß der Druck senkrecht zu den Kraftlinien größer ist, als der längs derselben wird durch die Zentrifugalkraft von Wirbeln bedingt, deren Achsen längs der Kraftlinien gerichtet sind. Damit die Wirbel nebeneinander verlaufen und dabei doch gleichsinnig rotieren können, denkt sich MAXWELL ein zweites Medium von Zwischenpartikeln zwischen die Wirbelfäden verteilt, so daß diese Zwischenpartikel in entgegengesetzte Rotation als die benachbarten Wirbel geraten und so die Rotation von Wirbelfaden auf Wirbelfaden übertragen. Den Zwischenpartikeln fällt in diesem MAXWELLschen Rädermechanismus die Rolle der Elektrizität zu, während die Wirbel den Magnetismus versinnlichen.

Die eigentümliche Art, wie man sich nach FARADAY die Fortpflanzung der Energie durch den Raum hindurch vorzustellen hat, wird durch diesen MAXWELLschen Mechanismus kinematisch in gewisser Hinsicht wiedergegeben. Findet z. B., so schildert einmal DRUDE den Vorgang, innerhalb einer dünnen, der xy-Ebene parallelen Schicht eine elektrische Strömung in Richtung der x statt, so werden beiderseits der Schicht magnetische Kräfte hervorgerufen, die der y-Achse parallel gerichtet sind. Diese magnetischen Kräfte induzieren nun innerhalb jener Schicht elektrische Ströme, die der x-Richtung entgegengesetzt laufen, also die ursprüngliche Strömung vernichten, außerhalb jener Schicht aber der x-Richtung gleichlaufende Ströme, durch die sich dann die ursprüngliche Strömung nach Seite der positiven und negativen x beiderseits fortpflanzt. Im MAXWELLschen Bilde strömen in der Schicht, die ursprünglich elektrisch durchströmt ist, die Zwischenpartikel nach der Seite der positiven x, treiben dabei die Wirbelräder an, die nun wieder, in ihrer Drehung überall durch Zwischenpartikel gehemmt, diese mitnehmen, so daß die nicht unmittelbar an Wirbelrädern anliegenden Zwischenpartikel relativ gegen die Wirbelräder im Sinne positiver x bewegt erscheinen.

Die THOMSONsche Idee, die die Anregung zu diesem phantastischen Bilde gab, wird freilich durch dasselbe nicht wiedergegeben. THOMSON ging von den Differentialgleichungen des elastischen Körpers aus und die in einem solchen möglichen Wirbeldeformationen können sehr wohl nebeneinander existieren, ohne daß Zwischenschaltungen wie im MAXWELLschen Bilde erforderlich sind. Fast scheint es (vgl. S. 25 in der BOLTZMANNschen Ausgabe), als habe MAXWELL die geometrische Natur der Wirbelbewegungen im flüssigen und der Wirbelbeanspruchungen im elastischen Medium für zu verwickelt erachtet, um daraus, der THOMSONschen Idee gemäß, ein Bild des elektromagnetischen Feldes zu entwickeln, und sein, uns höchst verwickelt erscheinendes Bild für geeigneter gehalten, um die längs der Kraftlinien und senkrecht zu ihnen auftretenden Spannungen zu beschreiben.

4. Den beiden im Vorangehenden geschilderten Bildern gesellt später MAXWELL, offenbar von ihnen unbefriedigt, ein drittes hinzu, das er in sein abschließendes Werk (Treatise on electricity and magnetism. Oxford 1873. Deutsch von WEINSTEIN als Lehrbuch der Elektrizität und des Magnetismus. Berlin 1883) aufgenommen hat, in dem jene älteren von ihm ersonnenen Analogien fehlen. Man kann dieses dritte MAXWELLsche Bild ein energetisches nennen. Zielten die bisher besprochenen Analogien vorzüglich darauf, den Inhalt der MAXWELLschen Gleichungen 38) S. 118 und 48) S. 120, also die Beziehungen zwischen den Vektoren $\mathfrak{E}$ und $\mathfrak{M}$, geometrisch zu veranschaulichen, so ist die Absicht des dritten MAXWELLschen Bildes, die Verwertung der Gleichung 50) S. 121 verständlich zu machen, d. h. die Beziehung von $\mathfrak{E}$ und $\mathfrak{M}$ zu den dynamischen Vorgängen, den Bewegungen, die Magnete oder elektrisch geladene und durchströmte Körper erfahren.

In der Tat ist es ja höchst beachtenswert und kann gar nicht eindringlich genug betont werden, wie wertvoll sich der Energiebegriff auf dem Gebiete des Elektromagnetismus erwiesen hat. Die so verschieden in die Erscheinung tretenden ponderomotorischen Wirkungen zwischen elektrischen Ladungen, Magnetpolen und Strömen fließen mathematisch aus ein und derselben Formel 50) S. 121, aus der für die Gesamtenergie des Feldes.

Man kann noch heute oft der Ansicht begegnen, daß die Energetik nur auf dem Gebiete des Wärmeumsatzes als Thermodynamik Berechtigung besitze. Und doch hat kaum auf irgend einem Gebiete der energetische Gedanke so tiefe Wurzel geschlagen, wie auf dem des Elektromagnetismus. Da hat man sich nach so vielen vergeblichen Bemühungen unter dem Einfluß von HERTZ schlechthin entwöhnt, den Mechanismus durchschauen zu wollen, der aus den elektrischen und magnetischen Zuständen des Feldes Bewegungen der ponderablen Massen hervorgehen läßt. Genug, jene Zustände bedingen Energie, die in mannigfachen Formen erscheinen kann, als Wärme, als Bewegung; wenn Bewegung möglich ist, so erfolgt diese Bewegung in einer nach den Gesetzen der Mechanik bestimmten, aus dem Gesamtbetrage der Energie und den Bedingungen der Bewegung eindeutig bestimmten Weise: — das ist alles, was wir wissen, es ist auch alles, was wir zu wissen brauchen, um die Erscheinungen vorauszusagen und wohl auch alles, was wir wissen können. Wie man die Gesetze der Mechanik formuliert, die aus dem Energiebetrage die Bewegungserscheinungen herzuleiten gestatten, — das ist eine Nebenfrage. Man kann das HAMILTONsche Prinzip benutzen, man kann energetische Gesichtspunkte bevorzugen — zu den Differentialgleichungen der Mechanik gelangt man im einen wie im andern Falle.

Nun bemerkt MAXWELL, daß, wie bereits hinsichtlich des Vorzeichens in Gleichung 34) S. 70 hervortrat, das Potential zweier Ströme, also ein magnetisches Potential, in den dynamischen Gleichungen eine andere Rolle spielt, als das Potential elektrischer Ladungen, nämlich sich so verhält, als wäre jede Strömung eine Geschwindigkeitsgröße und das Potential der Ströme eine kinetische Energie. Besonders auffällig tritt dies, worauf hier nicht eingegangen werden soll, dann hervor, wenn man sich der sogenannten LAGRANGEschen Gleichungen zweiter Form bedient. MAXWELL bezeichnet daher geradezu das Potential zweier Ströme als ihre elektrokinetische Energie, und nennt die magnetische Energie des Feldes kinetisch, die elektrische potentiell. Kurz, es ist eine energetische Analogie, nach der er sich die eigenartigen Unterschiede im algebraischen Verhalten beider Energien zurechtlegt und sie durch Erinnerung an bekannte Unterschiede verständlich macht, — es ist in demselben Sinne ein energetisches Bild, in dem wir oben von kinematischen und dynamischen Bildern sprachen.

Dritter Abschnitt.

Ablehnungen und neue Versuche.

1. Die bisherigen Darlegungen haben gezeigt, daß wohl die algebraische Formulierung und eine gewisse geometrische Veranschaulichung des elektrotonischen Zustandes gelungen war, aber trotz aller Bemühungen nicht mehr. Aber was verlangt man mehr? Mit den MAXWELL-HERTZschen Gleichungen ist die Gruppe quantitativer Beziehungen festgelegt, um deren Erkenntnis es sich handelt, jede mögliche Theorie des elektrotonischen Zustandes muß also zunächst eine Übersetzung des Inhalts dieser Gleichungen in ein geeignetes Anschauungsgebiet liefern. Aber dieser Inhalt ist doch schon so umfassend, daß der Versuch, ihn in einem Bilde festzuhalten, Gefahr läuft, unübersichtlich und deshalb wertlos zu werden. Denn mit den in den Gleichungen auftretenden Begriffen der Energie, der elektrischen und magnetischen Feldstärke, der Dielektrizitätskonstante und Permeabilität wären nun nicht mehr bloß Zahlen, sondern bestimmte Anschauungen zu verknüpfen, deren quantitative Beziehungen zueinander wir so gut kennen müssen, daß sie uns den Gebrauch der Gleichungen ersetzen. Nachdem wir einmal den Glauben verloren haben, daß sich hinter der Erscheinungswelt nach den Gesetzen der Mechanik jene Wahrheit abspielt, zu der vorzudringen die Aufgabe der Wissenschaft sei, nachdem wir auch in den besten mechanischen Hypothesen nur das Verständnis der Erscheinungen erleichternde und daher fördernde Bilder erblicken, müssen wir als den einzigen Maßstab für den Wert dieser Bilder die Sicherheit und Leichtigkeit ihrer Anwendung anerkennen. Erfordert es mehr Mühe, sich im Bilde zurecht zu finden, als unmittelbar die Erscheinungen zu erfassen, so verschwindet der Nutzen des Bildes und seine Berechtigung in der exakten Forschung. So beschreibt man wohl die Beziehungen, die die Farben beim Mischen zeigen, dem geometrisch Geschulten zweckmäßig durch Abbildung auf die Punkte einer Ebene, aber die meisten, die praktisch mit Farbenmischungen und nicht mit Geometrie umzugehen haben, würden mit einer solchen Beschreibung nichts anfangen können und in ihr höchstens ein Spiel des Witzes sehen. Wie relativ hiernach auch der Wert einer Hypothese nur sein kann, so erwacht doch immer von neuem der Trieb, einen interessanten Vergleich, eine auffällige Analogie zweier Erscheinungsgebiete so auszuspinnen, daß sich daraus wenigstens für eine gewisse Stufe der wissenschaftlichen Ausbildung Vorteile in der Übersichtlichkeit der qantitativen Beziehungen ergeben.

2. Die Maxwell-Hertzschen Gleichungen zwischen $\mathfrak{E}$ und $\mathfrak{M}$ erinnern so auffallend an die zwischen der Verschiebung und der Verwindung eines Volumelements in einem Körper, dessen Teile nur unendlich wenig und daher affin veränderlich sind, daß es, wie wir sahen, von Anfang an besonders nahe lag, aus dieser Quelle die Beziehungen der elektrischen und magnetischen Feldintensität verständlich zu machen. Heißen u, v, w die Verschiebungskomponenten des Punktes $(x \mid y \mid z)$, während ξ, η, ζ die Komponenten der Rotation des Volumelements an der Stelle $(x \mid y \mid z)$ sind, so bestehen bekanntlich die Gleichungen

15) $$\xi = \tfrac{1}{2}\left(\frac{\partial w}{\partial y} - \frac{\partial v}{\partial z}\right), \quad \eta = \tfrac{1}{2}\left(\frac{\partial u}{\partial z} - \frac{\partial w}{\partial x}\right), \quad \zeta = \tfrac{1}{2}\left(\frac{\partial v}{\partial x} - \frac{\partial u}{\partial y}\right).$$

Vergleicht man diese mit 75) S. 131, so ergibt sich die Möglichkeit, die magnetische Polarisation $\mu\,\mathfrak{M}$ als proportional der Verwindung eines Volumelements aufzufassen, wenn man sich $\mathfrak{A}$, das Vektorpotential, als unendlich kleine Verschiebung des Punktes $(x\,|\,y\,|\,z)$ eines raumerfüllenden Mittels aus seiner Gleichgewichtslage vorstellt. Die Geschwindigkeit ferner, mit der sich die Verschiebung $\mathfrak{A}$ ändert, bestimmt nach 77) S. 131 den elektrodynamischen Teil der elektrischen Feldintensität.

Um nun auf Grund der durch diese Gleichungen 77) S. 131 dargestellten Gleichartigkeit des elektrostatischen mit dem elektrodynamischen Teil der elektrischen Feldintensität die Bedeutung des elektrischen Potentials φ zu erkennen, denke man sich an die Stelle $(x\,|\,y\,|\,z)$ einen kleinen Probekörper gebracht, auf den an der Oberfläche die Verschiebungen $\mathfrak{A}$, die der ihn umgebende Äther erfährt, reibungsartig übertragen werden. Die Rotation $\mathfrak{M}$ wird dann eine Rotation des Probekörpers erzeugen, während zeitliche Änderungen der Ätherverschiebung $\mathfrak{A}$ Verschiebungen des Probekörpers hervorbringen werden. Die elektrische Feldintensität würde also als Druckgefälle am Probekörper anzusehen sein und das elektrische Potential müßte, damit es ebenfalls Druckunterschiede am Probekörper erzeugt, als ein im Äther sich fortpflanzender Druck gedeutet werden.

Daß die Auffassung der elektrischen Potentialfunktion als eines im Raume sich fortpflanzenden Druckes, bzw. Zuges, ebenso wie die Auffassung der magnetischen Intensität als einer sich im Raume ausbreitenden Verwindung in sehr anschaulicher Weise den Erscheinungen der Influenz Rechnung trägt, ist oft bemerkt und schon für elementare Einführung in die Influenzerscheinungen benutzt worden, und daß diese Auffassungen den mathematischen Anforderungen entsprechen, hat, wie wir sahen, schon Thomson 1847 festgestellt.

Man wird sich dementsprechend den Raum überall mit einer homogenen elastisch-deformierbaren Substanz erfüllt denken und den Molekeln der dielektrischen Körper verschiedene Konstanten der Übertragung von Verschiebungen, also etwa verschiedene Masse, den Molekeln der para- und diamagnetischen Körper aber verschiedene Konstanten der Torsionsübertragung, etwa verschiedene Trägheitsmomente, zusprechen.

3. Von einem elektrisch durchströmten Drahte endlich, um auch hier auf Thomsons Lösung S. 137 zurückzukommen, ist anzunehmen, daß er den ihn rings umgebenden Äther in **Schubspannungen** nach der Stromrichtung versetzt, die sich in die Ferne mit abnehmender Stärke übertragen. Es ist da vor allem zu beachten und ein besonders wertvolles Ergebnis der hier ausgebildeten Auffassungsweise, daß die Beziehung zwischen elektrischer und magnetischer Intensität sehr anschaulich und selbstverständlich auftritt. Erzeugt der in der Richtung J durchströmte geradlinige Leiter L im Punkte P des umgebenden Dielektrikums die Verschiebung $\mathfrak{A}$, im ferneren dem Beschauer der Figur höher erscheinenden Punkte P' die Verschiebung $\mathfrak{A}' < \mathfrak{A}$, so bedeutet das, daß in einem zwischen P und P' liegenden Volumelemente eine Rotation besteht, deren Achse ihre positive Seite dem Beschauer zukehrt. Der Stromleiter ist also von magnetischen Kraftlinien umgeben, die kreisförmig um ihn verlaufen und deren Richtung mit der Stromrichtung durch die AMPÈREsche Schwimmeregel verknüpft ist. Diese Aussage ist auch **identisch** mit der Angabe der elektrischen Kräfte, die vom Strome J verursacht werden. Denn auf einen durch den Punkt P gehenden zu L parallelen Leiter l wird die Störung durch Übertragung an der Grenzfläche fortgepflanzt, und es tritt daher in dieser Grenzfläche bei jeder zeitlichen Änderung der Verschiebung des Punktes P vorübergehend eine Zugspannung auf, die den **Induktionsstrom** bedingt, und verschwindet, nachdem auch die abgeänderte Verschiebung sich völlig dem Leiter reibungsartig mitgeteilt hat.

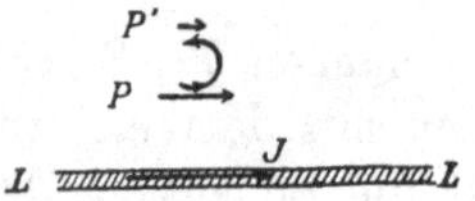

Fig. 27.

4. Diesen Übertragungen an der Grenzfläche zwischen Äther und Molekel trägt man vorteilhaft dadurch Rechnung, daß man neben dem elastisch deformierbaren Äther sich die Molekeln mit einem **flüssigen** Stoffe erfüllt denkt. Allerdings lassen sich auch ohne diese Annahme die alt gewöhnten bequemen Ansichten über den Vorgang des Strömens in den Leitern im wesentlichen festhalten, wenn man sich vorstellt, daß die benachbarten Molekeln des Leiters infolge ihrer Wärmebewegung sehr häufig in Berührung geraten und dabei statt ihres flüssigen Inhalts ihre **Energie** austauschen, während die Molekeln der vollkommenen Nichtleiter nie in Berührung geraten. Diese nach Art der elektrolytischen Leitung in Flüssigkeiten gedachte Leitung in Metallen hat schon W. WEBER ersonnen, neuerdings haben RIECKE und DRUDE die Vorstellungsart mathematisch durchgearbeitet.

Hält man sich aber an die Annahme flüssigen Inhalts der Molekeln, so wird, wenn dieser flüssig gedachte Inhalt einer Molekel rotiert, die Molekel magnetisch, und wenn er sich unter dem Einfluß äußerer Druckunterschiede oder zeitlicher Änderungen der Verschiebungen im umgebenden Äther selbst verschiebt, wird sie elektrisch. Dispersion und Absorption nötigen dazu, den Volumelementen eines und desselben Körpers eine Reihe verschiedener Konstanten dieser Art beizulegen, etwa den chemischen Verschiedenheiten der Atome entsprechend, aus denen der Körper besteht. Wie das mathematisch durchzuführen, hat z. B. DRUDE in der Physik des Äthers gezeigt.

Charakteristisch für die hier dargelegte Auffassung des elektrotonischen Zustandes ist es, daß die beiden FARADAYschen Vektoren $\mathfrak{E}$ und $\mathfrak{M}$ durch die räumlichen und zeitlichen Veränderungen des MAXWELLschen Vektorpotentials $\mathfrak{A}$ dargestellt werden und durch das elektrische Potential.

5. Um nun ferner die beschleunigenden Kräfte des elektromagnetischen Feldes zu erhalten, muß man den MAXWELLschen Wert für die Energie des Feldes heranziehen. THOMSON, MAXWELL u. a. haben sich bemüht, ein Medium zu ersinnen, dessen Besitz an kinetischer und potentieller Energie der Energie des Feldes gleichkäme. Immer aber mußten zu diesem Zwecke jenem Medium Eigenschaften so befremdender Art zugesprochen werden, daß diese Versuche unbefriedigend blieben. BOLTZMANN hat im 2. Bande seiner Vorlesungen über MAXWELLS Theorie diese Versuche kritisch nebeneinander gestellt und ihre Aussichten abgewogen.

Mir scheint es im Grunde verfehlt, die Energie des fingierten Mediums, die sich doch in den inneren Bewegungen desselben, also in „verborgenen" Bewegungen äußert, als Energie der ponderablen Massen in Anspruch zu nehmen. Vielmehr ist es die für solche inneren Bewegungen verlorene Energie, die für die ponderablen Massen verfügbar steht. Kommt man nun doch mit einem einzigen Medium nicht aus, um die Erscheinungen zu beschreiben, so bietet sich die Energieübertragung von einem aufs andere Medium als eine Quelle solcher reibungsartig verlorenen Energie. Die erfahrungsmäßige Feldenergie kann ohne weiteres als die bei der Kraftübertragung an den Grenzflächen zwischen elastisch-deformierbarem Äther und flüssig gedachtem Inhalt der Molekeln verlorene Energie gedeutet werden, also als die Energie, die sich weder in inneren Bewegungen des elastischen Äthers noch des Molekelinhalts zu zeigen vermag. Da nämlich an der Oberfläche einer Molekel Druckkräfte, deren Potential φ ist, wirken und die Molekel in ihrer Umgebung mit e proportionale Verschiebungen hervorruft, so läßt sich $\varphi \cdot e$ als Übertragungsarbeit wohlverständlich machen und damit nach Gleichung 20) S. 109 die elektrische Energie. Für die magnetische Energie gilt entsprechendes.

6. Hier bietet sich nun aber die auch in andern Teilen der theoretischen Physik auftretende Schwierigkeit, die Bewegung der Molekeln durch das elastisch-deformierbare Medium hindurch begreiflich zu machen, dessen Teile ihren Ort doch nur verschwindend wenig sollen verändern können. Von LORENTZ ist der Gedanke durchgeführt worden, daß gleichzeitig im selben Volumelemente Äther und ponderable Materie vorhanden seien, und die neueren Versuche, das „Rätsel der Gravitation“ zu lösen, scheinen eine gründliche Klärung dieses Gebietes zu fordern. Ich habe für jenen Zweck die Idee vorgeschlagen, sich den, etwa flüssigen, Inhalt der Molekel aus demselben Grundstoffe bestehend zu denken, wie die Ätherumgebung, beide eben nur dem Aggregatzustande nach verschieden sich vorzustellen, die Molekel als eine Verflüssigungsstelle im festen Äther anzusehen und allen Teilen des raumerfüllenden Stoffes keine andere Beweglichkeit zuzuschreiben, als die, sich sehr wenig aus ihrer Gleichgewichtslage entfernen zu können. Eine ponderable Molekel ist dann nichts als eine besondere Konstellation der Ätherteilchen, und eine Molekel bewegen heißt nicht Stoff bewegen, sondern andere Teile des Raumerfüllenden in diese Konstellation versetzen, also etwa verflüssigen, die anfangs flüssigen aber erstarren lassen.

7. Von diesem Gesichtspunkte aus ergibt sich ein überraschender Einblick in die Zusammenhänge zwischen den elektromagnetischen Vektoren und der eintretenden Bewegung. Denken wir uns weit links von der Figur 28 in einem Punkte A eine positiv elektrische Ladung,

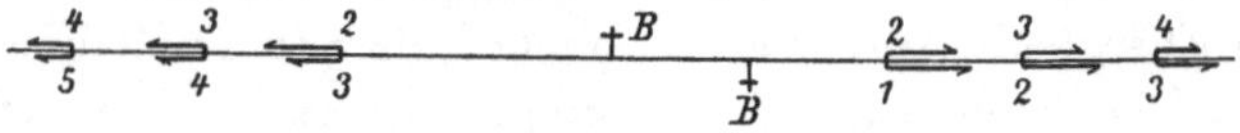

Fig. 28.

dargestellt durch ein Druckzentrum; die Kugeln um A sind Flächen konstanten, nach außen abnehmenden Druckes. In B befinde sich ebenfalls eine positive Ladung. Deren Flächen konstanten Druckes werden durch den von A her übertragenen Druck deformiert und zwar in dem Sinne, als wäre das Zentrum des Druckes von B weggerückt, nämlich auf die Seite von B, die A abgewendet ist. Denn die von B aus erzeugte Verschiebung wird auf der A zugewandten Seite durch die von A her übertragene Verschiebung vermindert, während auf der Seite von B, die A abgewandt liegt, sich die von B und von A herrührenden Verschiebungen addieren. Die obere Zeile in der Figur stellt die durch A nicht gestörten, allein durch B bedingten, die untere Zeile die durch A gestörten Verschiebungen von B dar. Ein Druckzentrum hat aber seiner inneren Einrichtung nach das Bestreben, zu seinen beiden Seiten entgegengesetzt gleiche Verschiebungen nach außen zu erzeugen, wird also zur Aufrechterhaltung seiner Eigenart die ihm von A her aufgezwungene Verschiedenheit ausgleichen, was es tut, indem es sich verschiebt. Die gewöhnliche Angabe: Zwei positive Ladungen stoßen sich ab, erscheint also von unserm Gesichtspunkte aus nur als eine kurze Beschreibung des zur Ausgleichung der Störung eintretenden Vorgangs.

Daß eine positiv-elektrische Ladung anziehend auf eine negative wirkt, also ein Druck- und ein Zugzentrum sich nähern, erweist sich ebenso als eine Beschreibung des Vorgangs, der zur Aufrechterhaltung der Eigenart bei äußeren Störungen nötig wird. Und ganz entsprechendes gilt von dem Verhalten der magnetischen Molekeln, also der Verwindungszentren im Äther. Das braucht hier nicht im einzelnen ausgeführt zu werden. Aber vielleicht ist es gut, zu bemerken, daß sich die Anziehung gleichgerichteter Ströme in derselben Weise ergibt. Denn die nach außen abnehmenden Verschiebungen, die ein Strom B in seiner Umgebung erzeugt, werden durch die von einem fernen gleichgerichteten Strome A erzeugten Verschiebungen in der Weise abgeändert, daß sie an der A zugewendeten Seite sich weniger vermindern als an der abgewendeten. Die Flächen gleicher Verschiebung sind also nicht mehr Zylinder um die ursprüngliche Achse von B, sondern deformiert im Sinne einer Verschiebung nach A hin und ihre Wiederherstellung erfordert Verschiebung des Stromes B. Entsprechendes gilt von der Wirkung eines Magneten auf den Strom B.

Auch die Gravitation fügt sich, wie hier nur beiläufig bemerkt sei, dieser Auffassungsweise, wenn man annimmt, daß jeder ponderable Massenpunkt A Zentrum eines sich durch den Äther fortpflanzenden Zuges ist, so daß die Flächen konstanten Potentials Kugeln um A sind. Jede Molekel B erleidet dann mit allen etwa in ihr stattfindenden, ihre chemische Natur charakterisierenden Spannungen und Bewegungen eine Verschiebung nach A hin, mit andern Worten, der Zustand, den wir ponderable Molekel nennen, mitsamt dem ihm innewohnenden Bestreben, sich in bestimmter Richtung zu verlegen (Trägheit), verlegt sich im Sinne einer Anziehung zwischen A und B.

8. Ich habe einige derartige Ideen zuerst im Jahre 1881 in Wied. Ann. veröffentlicht, doch haben sie bisher keine Verbreitung und Verwertung gefunden. In der Tat muß es ja, wie oben ausgeführt wurde, von dem jeweiligen Bedürfnis und der jeweiligen Ausbildungsstufe der Wissenschaft abhängen, ob eine Analogie sich als brauchbare Hypothese bewährt. In dem letzten Jahrzehnt sind aber so mannigfache neue Erfahrungen und Fragestellungen, die unsern Gegenstand berühren, aufgetaucht, daß die Verwendung einer so umfassend durchführbaren und dementsprechend zusammengesetzten Auffassungsart nicht ausgeschlossen erscheint. Ihre Eigenart und das Befremdende des Bildes, das sie von den Naturerscheinungen entwirft, ist in erster Linie darin begründet, daß sie die stetige Raumerfüllung grundsätzlich durchführt, auch da, wo sie Züge des Atomismus übernehmen muß.

Vierter Abschnitt.

Die bilderfreie Beschreibung des elektrotonischen Zustandes.

1. Als sich die Versuche zu einer mechanischen Hypothese oder zu irgend einer einheitlichen Anschauung des elektrotonischen Zustands zu gelangen, immer wieder als unzulänglich erwiesen, entwickelte sich die Vorstellung, daß sie überhaupt ein schöner Traum sei und die Physik genug dringlichere Aufgaben habe, als solchen Hirngespinsten nachzuhängen. Wozu überhaupt noch die Zahlen und Funktionen, die zum Verstehen des Naturzusammenhangs, also hier zum Ansatz des Maxwell-Hertzschen Gleichungssystems nötig sind, einer weiteren Deutung bzw. Umdeutung unterwerfen, wozu sich, sozusagen, noch über diese Dinge „Gedanken machen“? Die Vertreter dieses Standpunktes geben zu, daß die algebraisch festgelegten Beziehungen zwischen jenen Zahlen und Funktionen verwickelt genug sind, um für physikalischen Gebrauch das Verlangen nach bequemen geometrischen Veranschaulichungen zu rechtfertigen. Aber dazu sei es nicht der richtige Weg, die Zahlen selbst phan-

tastisch in mechanische oder sonstige physikalische Größen „umzudeuten“, der Theorie ein buntes Gewand überzuwerfen, sondern vielmehr die Beziehungen, in denen sie stehen, so durchzuarbeiten, daß diese Beziehungen selbst uns geläufig, wenn möglich auch geometrisch anschaulich werden und so das Bedürfnis nach weiterer Umdeutung verschwindet. Nachdem wir z. B. die Zusammensetzung und Zerlegung der Geschwindigkeiten, Beschleunigungen, Kräfte und Momente durchschaut haben, erblicken wir überall dieselben Operationen der algebraischen Addition, auch in geometrischer Anschaulichkeit dieselben Figuren der Strecke, des Parallelogramms, des Polygons, ohne mit diesen Figuren irgend etwas anderes wiedergeben zu wollen, als einzig die durch sie versinnlichte geometrische Beziehung.

2. Als glänzendes Muster einer solchen rein mathematischen Methode, d. h. eines Verfahrens, das die physikalisch gegebene Größenbeziehung an sich zum Gegenstande der wissenschaftlichen Arbeit macht, kann man die Potentialtheorie bezeichnen, die sich jahrzehntelang fast ohne alle Rücksicht auf ihre physikalischen Ausgangspunkte als mathematische Disziplin entwickelte und doch so zu Methoden und Anschauungsformen gelangte, die der Physik selbst wieder nützlich wurden. Wenn also ein Ausdruck wie

$$16)\qquad \frac{\partial^2 \varphi}{\partial x^2} + \frac{\partial^2 \varphi}{\partial y^2} + \frac{\partial^2 \varphi}{\partial z^2},$$

oder

$$17)\qquad \frac{\partial \mathfrak{V}_x}{\partial x} + \frac{\partial \mathfrak{V}_y}{\partial y} + \frac{\partial \mathfrak{V}_z}{\partial z},$$

oder die Verknüpfung zweier Vektoren $\mathfrak{Q}$ und $\mathfrak{V}$ nach dem Schema

$$18)\qquad \mathfrak{Q}_x = \frac{\partial \mathfrak{V}_z}{\partial y} - \frac{\partial \mathfrak{V}_y}{\partial z}, \qquad \mathfrak{Q}_y = \frac{\partial \mathfrak{V}_x}{\partial z} - \frac{\partial \mathfrak{V}_z}{\partial x}, \qquad \mathfrak{Q}_z = \frac{\partial \mathfrak{V}_y}{\partial x} - \frac{\partial \mathfrak{V}_x}{\partial y},$$

so häufig auftreten, wie bei der Beschreibung des elektromagnetischen Feldes, so ist es ein Umweg, die auftretenden Größen selbst deuten, etwa mechanisch deuten zu wollen, vielmehr ist es ja die algebraische Größenbeziehung, die sich aus der Mannigfaltigkeit der Erfahrungen als das oft Wiederkehrende dem Geiste aufdrängt und von der man leichte Faßlichkeit wünscht.

Ja, durch die häufige Wiederkehr derselben Gedankenverknüpfung ist nicht einmal unbedingt geboten, daß man sie durch ein mechanisches Bild oder überhaupt durch ein Bild auszeichnet, wenn das auch vorteilhaft sein mag, wohl aber ist zur Erleichterung des Denkens notwendig, daß wir die häufige Wiederkehr durch eine geeignete Begriffsbildung kennzeichnen. Wenn man

$$\int_\omega \mathfrak{s}\,\mathfrak{E}_n\, d\omega \tag{19}$$

als Zahl der elektrischen Kraftlinien bezeichnet, die die geschlossene Fläche ω durchsetzen, so kann man das ja immerhin noch als ein Bild hinnehmen, wenn auch nicht als ein mechanisches, aber den Ausdruck 16) oder 17) etwa als Verdichtung zu deuten und damit zum Ersinnen einer Materie, der diese Verdichtung zukäme, genötigt zu sein, würde zu Weiterungen, nicht, wie beabsichtigt, zu Vereinfachungen des Denkens führen. So beschränkt man sich denn darauf, ihn mit einem Namen und Zeichen zu versehen, als zweiten Differentialparameter $\Delta\varphi$ der Funktion φ, oder als Divergenz des Vektors $\mathfrak{V}$, div $\mathfrak{V}$. In gleicher Weise verzichtet man lieber darauf, die Beziehung 18) zwischen den Vektoren $\mathfrak{Q}$ und $\mathfrak{V}$ mechanisch als Beziehung zwischen Verschiebung und Rotation eines Mediums zu deuten, wenn die Einführung dieses Mediums keine sonstigen Vorteile bringt, und begnügt sich wieder mit einer Begriffsbildung, indem man $\mathfrak{Q}$ den Quirl (*curl*) des Vektors $\mathfrak{V}$ nennt. Vgl. S. 17. Z. B. stellt HEAVISIDE die für die MAXWELLsche Theorie fundamentalen Gleichungssysteme 48) S. 120 und 38) S. 118 durch bzw.

$$\text{Quirl}\,(\mathfrak{M} - \mathfrak{M}^*) = J, \quad \text{Quirl}\,(\mathfrak{E} - \mathfrak{E}^*) = -G \tag{20}$$

dar, indem er neben der elektrischen und magnetischen Feldstärke $\mathfrak{E}$ und $\mathfrak{M}$ noch die von außen ins Feld hereingetragenen, sogenannten eingeprägten, Feldstärken $\mathfrak{E}^*$ und $\mathfrak{M}^*$ einführt, zu denen auch die durch Bewegung induzierten Feldstärken zu rechnen sind, und J bzw. G als elektrische bzw. magnetische Strömung bezeichnet.

So entwickelte sich die Vektorentheorie als die Gesamtheit der Begriffe, die aus geometrischen Gründen überall bei stetiger Vektorenverteilung hervortreten müssen, nicht nur, wenn diese Vektoren Geschwindigkeiten oder Verschiebungen eines mechanischen Gesetzen unterworfenen Stoffes darstellen. Überall wo unserm Geist Beziehungen entgegentreten, die mit schon bekannten Beziehungen Ähnlichkeiten zeigen, ist es der erste Schritt des Begreifens, die neuen durch die alten verständlich zu machen, durch sie abzubilden; der letzte Schritt aber ist, das Gemeinsame in den alten und neuen Beziehungen als solches hervorzukehren und durch einen höheren Begriff zu fassen, dem dann alle jene Beziehungen untergeordnet sind.

3. Besonders auf zwei Eigenschaften richtet sich bei den elektromagnetischen Feldern die Untersuchung. Es gibt Verteilungen von Vektoren $\mathfrak{B}$, bei denen überall

$$21)\qquad \mathfrak{B}_x = -\frac{\partial \Phi}{\partial x}, \quad \mathfrak{B}_y = -\frac{\partial \Phi}{\partial y}, \quad \mathfrak{B}_z = -\frac{\partial \Phi}{\partial z},$$

d. h. überall eine Potentialfunktion existiert. Solche Felder hat man als lamellare Felder bezeichnet, weil die Strecken $\mathfrak{B}$ längs der Normalen der Flächen $\Phi =$ konst. gerichtet und den Dicken ∂n der zwischen zwei solchen benachbarten Flächen liegenden Lamelle umgekehrt proportional sind. Vgl. S. 104.

Eine andere bemerkenswerte Vektorverteilung ist die sogenannte solenoidale, d. h. eine solche, bei der überall

$$22)\qquad \frac{\partial \mathfrak{B}_x}{\partial x} + \frac{\partial \mathfrak{B}_y}{\partial y} + \frac{\partial \mathfrak{B}_z}{\partial z} = 0.$$

Bei dieser Verteilung ist die Zahl der Kraftlinien $\frac{1}{4\pi}\int\limits_{\omega} \mathfrak{B}_n\, d\omega$, die in eine geschlossene Fläche eintreten, immer Null, d. h. es treten so viel Linien in die Fläche ein, als aus ihr austreten. Daher können Kraftlinien nur an der Begrenzung eines solenoidalen Feldes beginnen oder enden, nie innerhalb des solenoidalen Feldes und das Feld läßt sich völlig in Kraftröhren zerlegen. Vgl. S. 105.

Die am längsten bekannte und am gründlichsten studierte Vektorverteilung, nämlich die der NEWTONschen Anziehungskraft außerhalb der wirkenden Massen, besitzt beide Eigenschaften, sie ist sowohl solenoidal als auch lamellar.

4. Von dem hier dargelegten Standpunkte aus gewinnt die Mathematik eine ganz eigenartige Bedeutung für die Physik, entwickelt sich eine mathematische Physik fast als ein selbständiges Ganzes. Die Mathematik erscheint nun nicht mehr als das für quantitative Darlegungen unentbehrliche Hilfsmittel der experimentellen oder der theoretischen Physik, sondern als die Behandlung und wissenschaftliche Gestaltung der Denkformen, zu denen die Physik geführt hat. Die Gleichung $\Delta \varphi = 0$ z. B. tritt auf so verschiedenen Gebieten der Physik hervor, daß es berechtigt erscheint, sie als mathematischen Gegenstand, losgelöst von jeder physikalischen Anwendung und Verbildlichung als „reine Form" zu behandeln.

Siebenter Teil.

Die Elektronenhypothese in neuer Gestalt.

Lorentz.

Erster Abschnitt.

Die Lorentzsche Theorie.

1. Die Entwickelung der Elektrodynamik hat mit dem Erforschen der bewegenden Kräfte begonnen, die zwischen Strömen und Magneten wirken; aber wie merkwürdig sind diese ursprünglichen Gegenstände der Theorie in der weiteren Entwickelung zurückgetreten: zwischen die gegebenen Ströme oder Magnetismen und die auftretenden ponderomotorischen Kräfte haben sich die elektrische und die magnetische Feldstärke als Hilfsbegriffe eingeschoben. Über diese zu orientieren, ist der nächste Zweck der Maxwellschen Ansätze, ist er erreicht, so ist die Energie des Feldes bekannt, und es bleibt dann nur eine Frage der Energieumwandlung, die bewegenden Kräfte aufzufinden.

Letzteren Umweg vermeidet die Lorentzsche Theorie, die in gewisser Hinsicht wieder anknüpft an das, was W. Weber hinterlassen hat. Sie geht nämlich auf W. Webers atomistische Auffassung des elektrischen Fluidums insofern zurück, als sie kleinste Elektrizitätsteilchen, Elektronen, annimmt, behält aber die Maxwellsche Auffassung des Feldes bei und setzt unmittelbar fest, welche Kraft auf ein Elektron wirkt, wenn es sich an einer Stelle des Feldes befindet, an der die elektrische Feldintensität $\mathfrak{E}$ und die magnetische $\mathfrak{M}$ herrschen. Besitzt das Elektron die Ladung e und die Geschwindigkeit v, so wirken als bewegende Kräfte erstens die Coulombsche Kraft $e \cdot \mathfrak{E}$ in Richtung von $\mathfrak{E}$, zweitens die Oerstedsche Kraft $e v \frac{\mu}{c} \mathfrak{M} \sin(v, \mathfrak{M})$ in der zu v und $\mathfrak{M}$ senkrechten Richtung. Diese Oerstedsche, also zunächst ponderomotorische Kraft läßt sich übrigens auch, wie aus den Gleichungen 6) S. 52 hervorgeht, als elektromotorisch ansehen. Man bemerkt, daß LORENTZ zunächst ganz in NEWTONscher Weise die Kräfte festsetzt, ohne von dem Mechanismus ihrer Übertragung zu reden.

2. Bewegt sich also in einem homogenen Magnetfelde, dessen Feldstärke der z-Achse parallel und konstant gleich $\mathfrak{M}$ ist, ein Elektron, dessen ponderable Masse m und dessen elektrische Ladung in elektromagnetischem Maße e sei, unter dem Einflusse des Magnetfeldes, sowie einer elastischen Kraft, die es nach dem Koordinatenanfangspunkt zieht, so sind dessen Bewegungsgleichungen

$$1)\quad m x'' = -k x + e\mathfrak{M} y', \quad m y'' = -k y - e\mathfrak{M} x', \quad m z'' = -k z.$$

Dabei stellen die ersten Glieder der rechten Seiten die Komponenten der elastischen, die zweiten die Komponenten der OERSTEDschen Kraft dar. Geschwindigkeiten und Beschleunigungen sind in üblicher Weise durch Striche bezeichnet. Diese Gleichungen würden sich natürlich auch aus der älteren Elektrodynamik nach Gleichung 1) S. 5 ergeben, wenn man nur die Bewegung elektrischer Ladungen als elektrische Strömung ansieht; sie ergeben sich aus der MAXWELLschen Theorie nur, wenn man die HERTZsche Erweiterung derselben auf bewegte Körper, — und diese gibt recht verwickelte, im vorliegenden Buche nicht berücksichtigte Formeln, — heranzieht.

Den Gleichungen 1) genügen die Integralgleichungen

$$2)\quad x = a\cos u_1 t + b\cos u_2 t, \quad y = a\sin u_1 t + b\sin u_2 t, \quad z = h\sin\sqrt{\frac{k}{m}}\cdot t$$

wenn u_1 und u_2 als die Wurzeln der Gleichung

$$3\text{a})\qquad u^2 + \frac{e\mathfrak{M}}{m}u - \frac{k}{m} = 0,$$

bestimmt werden zu

$$3\text{b})\qquad u_1 = -\frac{e\mathfrak{M}}{2m} + \sqrt{\frac{k}{m}}, \quad u_2 = -\frac{e\mathfrak{M}}{2m} - \sqrt{\frac{k}{m}},$$

vorausgesetzt, daß der Einfluß des Magnetfeldes nur als eine geringe Störung des Einflusses der elastischen Kraft anzusehen, also $\frac{e\mathfrak{M}}{2m}$ klein gegen $\sqrt{\frac{k}{m}}$ ist. Da man

$$4\text{a})\quad x = \xi\cos\frac{e\mathfrak{M}}{2m}t + \eta\sin\frac{e\mathfrak{M}}{2m}t, \quad y = -\xi\sin\frac{e\mathfrak{M}}{2m}t + \eta\cos\frac{e\mathfrak{M}}{2m}t$$

setzen kann, sobald man

4b) $$\xi = (a + b)\cos\sqrt{\frac{k}{m}}\,t, \qquad \eta = (a - b)\sin\sqrt{\frac{k}{m}}\,t$$

wählt, so kann man x und y als die Koordinaten eines Ellipsenpunktes ansehen, wenn man sich die Ellipse mit der Winkelgeschwindigkeit $-e\mathfrak{M}:2m$ um ihren Mittelpunkt gedreht denkt.

3. Experimentell nachweisbar ist neben der Drehung der Polarisationsebene im Magnetfelde die Tatsache, daß die Schwingungsdauer des Lichtes im Magnetfelde um $e\mathfrak{M}:4\pi m$ gegenüber der unter bloßem Einfluß der elastischen Kraft stattfindenden verzögert wird, wie das nach Gleichung 4a) der Fall sein muß, wenn man das Licht als durch Schwingungen elektrischer Teilchen hervorgebracht und die elastische Kraft als Ergebnis der auf diese Teilchen ausgeübten elektrischen Kräfte ansehen darf.

Um den Polarisationszustand der Lichtschwingungen zu erkennen, zerlege man jede Schwingung des Lichtes, das ins Magnetfeld eintritt, nach der Richtung der magnetischen Kraftlinien und senkrecht dazu; die letztere Komponente zerlege man wieder in zwei entgegengesetzt zirkular polarisierte Schwingungen. Die Radien dieser Kreisbewegungen sind die Konstanten a und b obiger Formeln 4b) und die beschriebene Bewegung des ankommenden Lichtes entspricht der Substitution $\mathfrak{M} = 0$.

Ist $\mathfrak{M}$ nicht 0, so lehren die Formeln 3b), daß die eine der Kreisbewegungen mit größerer, die andere mit kleinerer Winkelgeschwindigkeit beschrieben wird. Das heißt: Wird Licht von bestimmter Wellenlänge, also eine bestimmte Spektrallinie, in einem hinreichend starken magnetischen Felde erzeugt, so wird in Richtung der Kraftlinien der Schwingungszustand nicht gestört, senkrecht zu den Kraftlinien aber dergestalt abgeändert, daß man, in Richtung der Kraftlinien blickend, zwei entgegengesetzt zirkular polarisierte Spektrallinien, die eine von größerer, die andere von kleinerer Wellenlänge erblickt, während man, senkrecht zu den Kraftlinien blickend, beiderseits neben der ursprünglichen Spektrallinie, deren elektrischer Vektor nun nach Richtung der Kraftlinien schwingt, die neuen senkrecht dazu schwingenden Linien wahrnimmt. Das hat in der Tat Zeeman 1897 beobachtet und aus der Lorentzschen Theorie erklärt. Auch ist es Lorentz gelungen, noch verwickeltere Fälle aus den Voraussetzungen seiner Theorie abzuleiten, worauf hier nicht eingegangen werden soll.

Daß die Lorentzsche Theorie nicht der einzige Weg ist, die Erscheinungen zu erklären, geht aus der vorstehenden Herleitung hervor. In der Tat hat FARADAY schon 1862 von anderen Ideen geleitet nach der Erscheinung ohne Erfolg gesucht und TAIT 1875 sie theoretisch vorausgesagt.[1]

Ersonnen war die LORENTZsche Theorie zunächst, um die Erscheinungen der Absorption und Dispersion des Lichtes zu erklären, die, wie wir sahen, der MAXWELLschen Theorie unzugänglich sind. Sie erfordern, da sie nicht im leeren Raume, sondern nur in Körpern auftreten, die Annahme, daß von den Körperatomen eine Mannigfaltigkeit von Einflüssen auf den elektrotonischen Zustand ausgeht. Diese Mannigfaltigkeit sich nach LORENTZ durch Verschiedenheiten der Ionen vorzustellen, ist an sich nicht nötig. DRUDE hat z. B. in seiner Physik des Äthers 1894 ohne weitere Veranschaulichung molekulare Verschiedenheiten in jedem Volumelement angenommen und erst 1900 in seiner Optik sie durch Gattungen von Ionen dargestellt.

Zweiter Abschnitt.

Der neue Elektronenbegriff.

1. Besonders bedeutungsvoll erschien es, daß die ZEEMANsche Beobachtung eine Möglichkeit bot, das Vorzeichen der Ladung e eines Elektrons festzustellen und sogar das Verhältnis der elektrischen Ladung zur ponderablen Masse eines Elektrons zu berechnen. In einem Magnetfelde von $\mathfrak{M} = 24\,600\,\mathrm{cm}^{-\frac{1}{2}}\,\mathrm{gr}^{\frac{1}{2}}\,\mathrm{sec}^{-1}$ zeigten nach Beobachtungen von RUNGE und PASCHEN Linien des Quecksilberspektrums, die sich obiger Theorie gemäß verhielten, sogenannte normale Triplets, einen Unterschied der Schwingungszahlen für die beiden äußeren Komponenten, der im Mittel $2{,}14 \cdot C \cdot \mathrm{sec}^{-1}$ betrug, wobei unter C die Lichtgeschwindigkeit verstanden werde. Der Theorie gemäß ist hiernach

$$\frac{e}{m} \cdot \mathfrak{M} = 2\pi \cdot 2{,}14 \cdot C,$$

also

$$\frac{e}{m} = 0{,}16 \cdot 10^8 \frac{\mathrm{cm}^{\frac{1}{2}}\,\mathrm{gr}^{\frac{1}{2}}}{\mathrm{gr}} = 16 \cdot 10^6 \frac{\mathrm{cm}^{\frac{1}{2}}}{\mathrm{gr}^{\frac{1}{2}}}.$$

Vergleicht man hiermit, daß nach den elektrolytischen Erfahrungen (S. 85) 1 gr Wasserstoff mit 96540 Coulomb oder 9654 elektromagnetischen Einheiten der elektrischen Ladung verbunden

[1] Vgl. KAYSER, Handbuch der Spektroskopie. II, 613.

$$\frac{e}{m} = 9654 \frac{\mathrm{cm}^{\frac{1}{2}}}{\mathrm{gr}^{\frac{1}{2}}}$$

ist, so wird man zu dem Schlusse geführt, daß die Masse eines Wasserstoffatoms 1600 mal so groß ist, als die eines Elektrons, wenn man voraussetzt, daß beiden dieselbe elektrische Ladung zukommt.

Außerdem ergab der Vergleich der Beobachtungen mit der Theorie, daß die Elektronen mit negativer elektrischer Ladung e versehene Teilchen sind.

Sowohl dies Vorzeichen, als die Größenordnung von $e:m$ ist in Übereinstimmung mit den aus Beobachtungen an Kathodenstrahlen gewonnenen Ergebnissen, so daß man zu der Annahme geführt wird, daß in den Kathodenstrahlen dieselben Teilchen auftreten wie bei den Lichtschwingungen.

2. Hatte die 1880 zuerst von Lorentz entworfene, 1895 systematisch durchgeführte Theorie schon durch die Erklärung des Zeemanschen Phänomens ihre physikalische Berechtigung erwiesen, so wurde sie nun vor allem durch die Erfahrungen über die Entladungen in Gasen gestützt. In einem den Raum stetig erfüllenden Äther befinden sich also nach dieser Theorie elektrisch geladene Massenteilchen, die Elektronen. Die Wirkungen, denen sie unterliegen, werden wie bei Maxwell durch den Äther hindurch übertragen. Bewegung eines Elektrons entspricht also dem Auftreten eines elektrischen Stromes und damit eines Magnetfeldes. Da nun jede Änderung eines Magnetfeldes Energie erfordert, so ergibt sich eine sehr beachtenswerte Folgerung.

Was nötigt uns denn, einem bewegten Teilchen ponderable Masse zuzuschreiben? Doch nur sein Verhalten bei Geschwindigkeitsänderungen, seine Newtonsche Wirkung auf andere Massen und seine chemischen Wirkungen. Die erstgenannte Beziehung aber, nach welcher das Produkt Masse mal Beschleunigung der wirkenden Kraft gleicht, nötigt nach der in Rede stehenden Theorie nicht mehr zur Einführung einer nicht weiter erklärbaren Massenzahl; denn ein elektrisch geladenes Teilchen bedarf ja im elektromagnetischen Felde ohnedies eines Energieaufwandes, um seine Geschwindigkeit zu ändern, die von altersher ihm zugeschriebene Masse erscheint nur als ein Maß für diesen Energieaufwand.

Bedient man sich der kinematischen Vorstellungsweise, die im vorigen Abschnitte S. 146 f. entwickelt worden ist, so kann man sagen, daß um die Bahn des Elektrons herum das umgebende elastische

Medium sich in Wirbelbeanspruchung befindet; die Achsen der Wirbel, die magnetischen Kraftlinien, bilden konzentrische Kreise um die Bahn. Ja, wenn man sich entschließt, die fortschreitende Bewegung des Elektrons nicht als Übertragung eines körperlichen Dinges von Ort zu Ort anzusehen, sondern als Übertragung eines Schwingungs- und Spannungszustandes, so kann man sagen, die fortschreitende Bewegung ist nichts anderes als die Gesamtheit der Wirbelbeanspruchungen im umgebenden Felde.

Die Auflösung des für die Mechanik fundamentalen Massenbegriffs erscheint also als letzte Konsequenz in der Entwickelung der Elektrodynamik. Die Mechanik würde damit auf einen neuen Boden gestellt. Freilich, wertvoll würde diese Zerstörung des Massenbegriffs erst, wenn sich auch die anderen Beziehungen, die in ihm zusammengefaßt sind, vor allem die Newtonsche Wechselwirkung, zu deren Bemessung er dient, elektromagnetischen Anschauungen unterordnen ließen. Das Rätsel der ohne bisher nachweisbares Energieäquivalent strahlenden Stoffe suchte man unter anderm auf dem Wege zu lösen, daß man in der Gravitation das Energieäquivalent vermutet. Abgeschlossen sind diese Versuche experimenteller und theoretischer Art noch nicht, für unser Wissen über Gravitation und Strahlung versprechen sie ebenso großen Gewinn, wie für unsere gesamte Naturanschauung.

Faßt man die S. 150 als flüssig bezeichneten Kerne als die Träger jener Schwingungen auf, die uns in den Erscheinungen der Strahlung entgegentreten, so könnte man das einzelne Elektron als eine einzelne dieser Schwingungsformen deuten. Die transversalen und longitudinalen Wellen, die von jedem Kerne in den umgebenden elastischen Äther gesendet werden und andere Kerne treffen, bedingen Änderungen im Energieinhalt der getroffenen Kerne, die uns teils als absorbierte Strahlung, teils als Gravitationsenergie entgegentreten.

3. So erwecken die neuen Forschungen die Hoffnung, eine neue umfassende Naturanschauung an die Stelle der Newtonschen Anschauung, wie sie das 18. und das beginnende 19. Jahrhundert beherrschte, treten zu sehen. Die Fülle der Erscheinungen, die während des 19. Jahrhunderts an die Naturforschung herantraten, und die sich vor allem auf dem Gebiete der Elektrodynamik drängten, zerstörte das alte einheitliche Bild des Naturganzen. Was an seine Stelle zu setzen versucht wurde, blieb lückenhaft: Ehe ein neues Bild durchgearbeitet war, drängten schon neue Erscheinungen sich vor, die sich nicht in seinen Rahmen fügen wollten. Keiner der theoretischen Forscher des vergangenen Jahrhunderts fand einen Ruhepunkt für umfassendere Umschau, ja am Ausgang des Jahrhunderts herrscht die Ansicht vor, daß überhaupt auf einen solchen verzichtet werden müsse, der Theorie auf dem Gebiete der Physik überhaupt keine aufbauende, zu einem Ganzen hinzielende Arbeit zukomme, nur auf das Registrieren der Einzelheiten bleibe sie beschränkt, und vor allem sei die rein mathematische Durcharbeitung der physikalischen Begriffe ihr Arbeitsbereich.

Und doch ist während der ganzen Zeit, durch die dies Buch geführt hat, der Glaube nicht ganz zerstört worden an eine neue wahrhaft umfassende Anschauungsweise. Wenn wir von den Begründern der Energetik, von Robert Mayer und dem jugendlichen Helmholtz, mit ihren noch höher fliegenden Plänen absehen, blieb dieser Glaube am stärksten lebendig auf dem Gebiete der Elektrodynamik. Faraday ist in diesem Glauben seinen großen Entdeckungen zugeführt worden, W. Weber arbeitete unter dieser Überzeugung, Thomson und vor allem Maxwell und Hertz waren von ihr geleitet, der vielen zu geschweigen, deren Arbeiten in diesem Buche nicht berührt wurden.

Die im vorliegenden Buche berücksichtigten Arbeiten zeigen nun doch, so verschieden ihre Ausgangspunkte und Denkweisen sind, eine stufenweise Entwickelung: ein allmähliches Zurückdrängen der Newtonschen Ideen beherrscht die Geschichte der Elektrodynamik; und doch ist diese Newtonsche Denkweise so mächtig, so tief gegründet und gehaltvoll, daß sie immer wieder von neuem befruchtend sich vorschiebt, bei W. Weber, bei Lorentz und nun wieder im gegenwärtigen Augenblicke durch die Ionentheorie der Strahlung. Wird die Newtonsche Auffassung wieder nur abändernd auf die Faradayschen Ideen einwirken, wird sie gänzlich und im Fundamente aufgelöst den Kampf aufgeben und eine neue Weise, die Bewegungserscheinungen überhaupt zu beschreiben, das Ergebnis der theoretischen Entwickelung sein?

Register.

A = mechanische Arbeit.
𝔄 = Vektorpotential 131, 147.
Absolutes Maß 58, 72.
Absorption 129.
Ätherhypothese 147.
Ampère 4, 11, 21, 25, 32, 35, 48, 78, 136.
Anion, Anode 85.
Arago 23, 48, 97.
Arbeit 62, 73.
Atmosphäre, magnetische 4.

Babbage 48.
Becquerel 111.
Bewegung im Äther 150.
Bilder, physikalische 136, 152.
Biot und Savart 5.
Boltzmann 140, 142, 149.
Brechungsindex 125.

c Konstante 5.
Cohn 129.
Coulomb 9, 63, 78.
curl 17, 154.

Dämpfung 97.
de la Rive 48.
Diamagnetismus 56, 85, 110, 111.
Dichte der Elektrizität 91.
Dielektrizität 99, 101, 107, 125.
Dimensionenrechnung 72.
Direktrix 35.
Dispersion 125, 129.
Doppelschicht, magnetische 22, 36, 42.
Drehungen, elektromagnetische 13.
Drehung der Polarisationsebene 110.
Drude 122, 128, 129.
Dualistische Hypothese 80.
Dyne 73.

𝔈 = elektrische Feldintensität 37.
E = elektromotorische Kraft.
e = elektrische Ladung.
ε Konstante 9, 100.
Effekt 73.
Eingeprägte Kräfte 89.
Elektrische Feldstärke 37, 89.
Elektrolyse 85.
Elektromagnete 23.
Elektromagnetische Lichttheorie 123.
Elektromagnetisches Maßsystem 73.
Elektromagnetische Strahlung 134.
Elektromotorische Kraft 51, 74, 89, 95.
Elektronen 79, 86, 159.
Elektrostatik 130.
Elektrostatisches Maßsystem 76.
Elektrostatisches Potential 75.
Elektrotonisch 3, 49, 99.
Elementargesetze 5, 25, 32, 59.
Energetisches Bild 145.
Energie 62, 108, 113, 132, 134, 145.
Englisches Koordinatensystem 6.
Erdinduktor 56.
Erg 73.
Erhaltung der Flächen, des Schwerpunkts 10.
Farad 78.
Faraday 3, 14, 48, 75, 85, 102, 116.
Fechner 51.
Feld 3, 37, 103, 116.
Felici 59.
Fernwirkung 9, 101, 122, 129.
Ferromagnetisch 112.
Flächensatz 10, 23.
Fleming 6.
Flüssiger Molekelinhalt 148.
Fortpflanzung des Potentials 86.
Fresnel 48.

Gauss 38, 51, 62, 72.
Gerader Leiter 7, 29.
Gesetzliche Maße 79.
Gilbert 5.
Gleichförmiger Strom 34.
Gleitstellen 60.
Grassmann 27.
Gravitation 38, 150, 161.
Green 38, 62.

Hagen 128.
Hamilton 38.
Handregel 6.
Heaviside 89, 121, 154.
Helmholtz 66, 69, 87, 138.
Herschel 48.
Hertz 101, 121, 129, 140.

I = Stromstärke.
i = Strömung.
Idee, physikalische 3.
Identität der Elektrizitäten 76.
Induktion 48, 66, 84, 95, 97, 103, 117.
Induktionskoeffizient 53, 54, 113.
Induktionsröhren 142.
Inklination 57.
Integralgesetze 53, 59.
Intensitätslinien 105.
Internationale Maße 79.
Invariante der Maßsysteme 77.

Jacobi 51.
Joule 65, 78, 93.

K = beschleunigende Kraft.
Kapazität 77, 100.
Kathode, Kation 85.
Kathodenstrahlen 160.
Kegelöffnung 40.
Kelvin 136.
Kinetische Energie 62, 145.

Kirchhoff 87, 90, 95.
Kohlrausch 78.
Kondensator 97.
Konflikt, elektrischer 3.
Koordinatensystem 6.
Koppelung 89.
Korkzieherregel 6.
Kraft 5, 9, 10, 80.
Kraftlinien 93, 105, 112, 142.
Kreisförmiger Leiter 7, 54, 115.
λ = Leitfähigkeit 79, 89, 128.
Lenz 50, 51, 65.
Lichtgeschwindigkeit 78, 125.
Linienintegral 43.
Lorentz 156.
Lorenz 87, 97.
𝔐 = magnetische Feldintensität 37.
m = magnetische Polstärke.
μ Konstante 10, 111.
Magnetinduktion 49, 66.
Magnetische Doppelschicht 22, 36, 42.
Magnetische Energie 113, 132.
Magnetische Feldstärke 37, 43, 74, 110.
Magnetisches Moment 21, 39.
Magnetisches Potential 38, 64.
Magnetismus, Theorie Ampères 22, 84.
Masse 161.
Maßsystem 72, 76, 78.
Mathematische Physik 155.
Maxwell 101, 121, 140.
Mayer, Robert 66.
Mechanismus, Maxwellscher 143.
Moment, magnetisches 21, 39.
Mossotti 102.
Multiplikator 9.
Nahewirkungen 122.
Neumann, Carl 59, 86.
— Franz 40, 45, 50, 88.
Newtonsche Fernwirkung 9, 63, 101.
Normale, positive 14, 17.
Oersted 1.
Ohm 51, 78.
P = Potential.
Paramagnetisch 111.
Permeabilität 111.
Pferdestärke 73.
Planck 128.
Poggendorff 9, 51.
Poisson 102.
Polarisation 101, 103, 111.
Polstärke 74.
Polarisationsebene, Drehung 110, 158.
Positive Normale 17.
Potential 37, 62, 75, 86, 108.
Potentialflächen 93, 104.
Potential von Magneten 38, 64, 94.
— von Strömen 45, 68, 94.
Potentielle Energie 62, 70.
Poynting 132.
Praktisches Maßsystem 78.
Quadrant 78.
Quellpunkt 141.
Quirl 17, 154.
Rankenregel 6.
Reflexionsvermögen 127.
Relaxationszeit 120.
Riemann 87.
Ritchie 50.
Rotationen 14, 31.
Rotationsmagnetismus 48, 97.
Rotor 17.
Rubens 128.
Savart 5.
Schraubenregeln 6, 7.
Schubspannungen 148.
Schweigger 9.
Schwimmeregel 5, 6.
Schwingungen, elektrische 98.
Seebeck 4, 92.
Selbstinduktion 68, 97, 113.
Sinkstellen 141.
Solenoid 21.
Spannung im Felde 139, 143, 147.
Spezifischer Widerstand 79.
Stationärer Strom 91, 130.
Stokes 14.
Strahlung, elektromagnetische 134.
Strom 4, 18, 31, 34, 40, 80.
— geradliniger 7, 29.
— kreisförmiger 7, 54, 115.
Stromstärke 74.
Strömung 87.
Sturgeon 23.
Suszeptibilität 111.
Systematisierung 71.
Thomson, W. 136.
Trajektorien 93.
Transmissionskoeffizient 128.
Thompson, Silvanus 48.
Uhrzeigerregel 6.
Umschreitungsregel 6.
V = potentielle Energie.
Vektorentheorie 154.
Vektorpotential 94, 131, 147.
Verschiebung, Verwindung 146.
Volt 78.
Vorsselmann de Heer 67.
Wanderung der Energie 134.
Wärme im Schließungsbogen 65, 93, 133.
Watt 73, 78.
Weber 27, 51, 56, 72, 79, 87, 96.
Widerstand 51, 58, 74.
Wirbelräder 143.
Zeeman 158.
Zwischenpartikel 143.